KB163367

김오곤 원장의 ● 약藥이 되는 버섯

상황버섯
96.7%
종양저지율

송이버섯
91.8%
종양저지율

진흙버섯
87.4%
종양저지율

팽이버섯
81.1%
종양저지율

표고버섯
80.7%
종양저지율

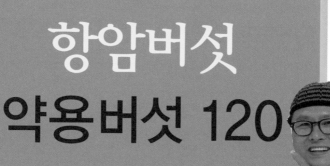

항암버섯

약용버섯 120

한국의
항암버섯 약용버섯 120

초판 1쇄 인쇄 – 2019년 01월 20일
편집 제작 출판 – 행복을 만드는 세상
발행인 – 이영달
발행처 – 꿈이있는집플러스
출판등록 – 제2018-14호
서울시 도봉구 해등로 12길 44 (205-1214)
마켓팅부 – 경기도 파주시 탄현면 금산리 345-10(고려물류)
전화 – 02) 902-2073
Fax – 02) 902-2074

ISBN 979-11-963780-4-2 (03480)

상황버섯
96.7%
종양저지율

송이버섯
91.8%
종양저지율

진흙버섯
87.4%
종양저지율

팽이버섯
81.1%
종양저지율

표고버섯
80.7%
종양저지율

항암버섯
약용버섯 120

꿈이있는집플러스

프롤로그

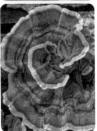

우리나라의 산과 들에 자생하는 버섯은 약 1,100여종이 분포
되어 있다. 그중에서 식용과 약용으로 쓰이고 먹을 수 있는 것
은 약 300여종으로 밝혀졌다. 그리고 독버섯으로 분류되는 것
은 약 90여종이다. 이런 식용이나 약용버섯들은 현대인들에게
부족하기 쉬운 각종 비타민과 영양소, 다양한 무기질과 섬유질
들이 풍부하게 들어 있다. 우리가 오래전부터 사용해 온 버섯
의 종류는 그리 많지 않고 30여 가지가 사용해 왔다.

독버섯은 한 두 개만 먹어도 치사량에 도달하는 것도 있어서
각별히 주의해야 하고 약용으로 사용하는 것들도 충분한 법제
를 거쳐서 사용하는 것이 좋다.

여기에 실린 버섯들은 각종 임상실험과 민간요법의 체험을 통
해서 효과가 있다고 밝혀진 것들이지만 이미 서양에서는 임상
실험을 거쳐서 실용화되어 가고 있는 것들도 있다. 버섯도 약
초와 같이 사람마다 다른 체질에 따라 효과를 보는 사람과 효
과가 없는 사람이 있겠지만 자기 체질에 맞는 버섯을 선택하는
것도 중요한 과정 중에 하나일 것이다. 분명한 것은 버섯의 약
효에 의지하지 말고 필히 병원에서 치료를 받아야 하는 것은

물론이고 치료과정에서의 보조요법으로 사용하는 것이 옳은 판단이라 여겨진다.

요즘 들어 버섯에 대한 연구가 세계적으로 많이 이어져 오고 있으며 우리나라의 연구 결과 발표한 것을 보면 약용버섯 중 차가버섯과 상황버섯의 항산화효과는 78%와 90%로 상황버섯이 가장 우수하였다. AGS 위암세포, HCT-116 결장암세포, HepG2 간암세포에 대한 억제효과는 식용버섯인 아가리쿠스버섯과 표고버섯 추출물은 5~40%, 약용버섯인 영지버섯과 동충하초 추출물은 28~79%, 상황버섯과 차가버섯 추출물은 75~91%로 나타났다.

'갈 데까지 가보자' 촬영을 하면서 전국 각지의 산지를 돌아다니며 산과 들에 있는 수많은 약초와 버섯들을 보면서 전 국민이 우리나라에서 자생하는 버섯과 약초들을 바르게 알고 보호하고 사랑하는 마음을 가졌으면 하는 바람이다.

채널A 낭만별곡 '갈 데까지 가보자' 진행자

한의사 김오곤

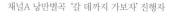

차 례

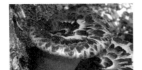

60 • 기와버섯

63 • 꾀꼬리버섯

67 • 꽃송이버섯

70 • 노랑싸리버섯

72 • 노란다발버섯 (독버섯으로 약용으로 쓰이는 버섯)

73 • 노란띠끈적버섯(노란띠버섯)

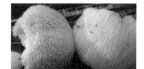

74 • 노루궁뎅이

78 • 노란조개버섯

79 • 노루버섯

80 • 느타리버섯

84 • 느티만가닥버섯

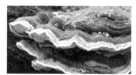

87 • 단색구름버섯

89 • 덕다리버섯

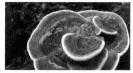

93 • 등갈색미로버섯(띠미로버섯) (식독불명 약용으로 쓰이는 버섯)

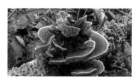

95 • 삼색도장버섯

98 • 동충하초(번데기)

102 • 두엄흙물버섯(두엄먹물버섯)

104 • 갈황색미치광이버섯 (독버섯으로 약용으로 쓰이는 버섯)

105 • 들주발버섯

108 • 떡버섯

110 • 만가닥버섯(느티만
가닥버섯)

113 • 말굽버섯

117 • 말뚝버섯

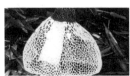

121 • 망태말뚝버섯(망태
버섯 개칭, 속 변경)

124 • 말불버섯

127 • 먹물버섯

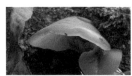

130 • 목이버섯

136 • 무자갈버섯

138 • 먼지버섯(독버섯으로
약용으로 쓰이는 버섯)

139 • 모래밭버섯

140 • 민자주방망이버섯

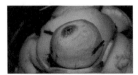

143 • 목도리방귀버섯(식
독불명으로 약용으로 쓰이는
버섯)

144 • 붉은그물버섯

145 • 방망이싸리버섯

148 • 뿔나팔버섯

150 • 버들볏짚버섯

152 • 붉은비단그물버섯

153 • 산느타리버섯

154 • 벌동충하초(식독불명
으로 약용으로 쓰이는 버섯)

158 • 병꽃나무진흙버섯
(병꽃상황버섯, 목질진흙
버섯)

162 • 복령(식독불명으로 약
용으로 쓰이는 버섯)

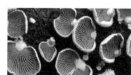

166 • 부채버섯

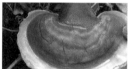

168 • 영지(불로초)

172 • 붉은덕다리버섯

174 • 비단그물버섯, 젖비
단그물버섯

176 • 뽕나무버섯

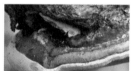

178 • 상황버섯 목질진흙
버섯(상황버섯)

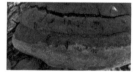

182 • 찰진흙버섯

183 • 말똥진흙버섯

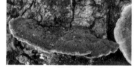

184 • 마른진흙버섯

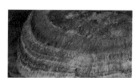

185 • 낙엽송버섯(소나무
상황버섯)

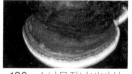

186 • 소나무잔나비버섯

190 • 새주둥이버섯

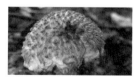

191 • 솜귀신그물버섯(귀
신그물버섯)

192 • 소혀버섯

194 • 송이버섯

199 • 수실노루궁뎅이(산호침버섯, 산호침버섯아재비)

202 • 신령버섯(아가리쿠스)

207 • 싸리버섯

211 • 쓰가 불로초

215 • 솔버섯

216 • 연잎낙엽버섯

217 • 애잣버섯(애참버섯)

219 • 양송이

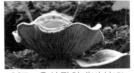

223 • 오렌지밀버섯(애기버섯 개칭, 속 변경)

224 • 왕그물버섯

225 • 양털방패버섯

227 • 유산된외대버섯(한국 미기록 종)

229 • 이끼살이버섯

231 • 은행잎버섯(은행잎우단버섯) (독버섯으로 약용으로 쓰이는 버섯)

232 • 이끼꽃버섯(독버섯으로 약용으로 쓰이는 버섯)

233 • 전나무끈적버섯아재비(독버섯으로 약용으로 쓰이는 버섯)

234 • 잎새버섯

238 • 자작나무버섯(차가버섯)

245 • 자주졸각버섯

248 • 잣버섯(솔잣버섯)

249 • 점박이버터버섯(점박이애기버섯)

250 • 잔나비불로초

254 • 제주쓴맛그물버섯

255 • 졸각무당버섯

256 • 장미잔나비버섯

258 • 잿빛만가닥버섯

261 • 좀목이버섯(장미주걱목이)

262 • 좀은행잎버섯(좀우단버섯)(독버섯으로 약용으로 쓰이는 버섯)

263 • 조개껍질버섯

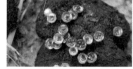

266 • 좀주름찻잔버섯(독버섯으로 약용으로 쓰이는 버섯)

267 • 종떡따리버섯(식독불명으로 약용으로 쓰이는 버섯)

268 • 족제비눈물버섯

270 • 주름가죽버섯

271 • 진노랑비늘버섯(식독불명으로 약용으로 쓰이는 버섯)

272 • 졸각버섯

274 • 주름목이버섯

276 • 주름버섯

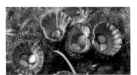

280 • 주름찻잔버섯
(독버섯으로 약용으로 쓰이
는 버섯)

283 • 점박이광대버섯

284 • 큰비단그물버섯

285 • 참버섯

287 • 치마버섯

292 • 키다리끈적버섯

293 • 털목이버섯

294 • 콩버섯(독버섯으로
약용으로 쓰이는 버섯)

296 • 팽나무버섯

300 • 표고버섯

305 • 한입버섯

308 • 화경버섯(독버섯으로
약용으로 쓰이는 버섯)

311 • 회색깔때기버섯

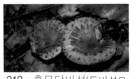

312 • 흙무당버섯(독버섯으
로 약용으로 쓰이는 버섯)

313 • 흰주름버섯

상황버섯
96.7%
종양저지율

송이버섯
91.8%
종양저지율

진흙버섯
87.4%
종양저지율

팽이버섯
81.1%
종양저지율

표고버섯
80.7%
종양저지율

기적의

약용버섯
항암버섯

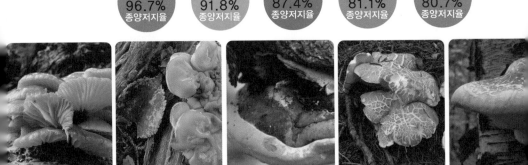

상황버섯
96.7%
종양저지율

송이버섯
91.8%
종양저지율

진흙버섯
87.4%
종양저지율

팽이버섯
81.1%
종양저지율

표고버섯
80.7%
종양저지율

참고 자료
한국의 버섯/ 버섯백과 554/ 동의학 사전/ 한국약용버섯도감/ 약초의 성분과 이용/인터넷자료

암을 낫게 하는 약용버섯과 항암버섯

약용버섯에 대한 맹신은 생사를 위협한다.

의약품이 발달한 현대에서도 사람들은 버섯과 산야초에 함유된 약성에 대한 관심이 날로 고조되고 있다. 그렇지만 '약용버섯(medicinal mushroom)'에 대해 진정 100% '약용'이라고 단정 지을 수 있는 사람이 과연 몇 명이나 있을까? 더구나 버섯 자체를 약으로 생각하거나 믿는 사람도 몇이나 될까? 이에 대한 정확한 정의나 믿는 사람은 전문가들 외엔 거의 없을 것이다. 하지만 넓은 의미에서 모든 식품들이 약(보약)이 될 수 있다는 것을 전제로 할 때, 약용버섯도 적절하게 섭취할 수만 있다면 약처럼 좋은 효과를 가져 올 수가 있는 것이다.

다시 말해 자연이 인간들에게 던져주는 선물을 적절하게 활용한다며 건강에 더없이 좋은 효과가 있겠지만, 지나친 활용에 대해서는 다시 한 번 신중하게 생각해볼 필요가 있다. 지금까지 약용버섯의 약성이나 작용에 대한 연구는 꾸준하게 이뤄지고 있다. 그렇지만 동물실험으로 얻어진 결과가 거의 대분이다. 물론 예외적으로 버섯에서 추출한 물질을 사람에게 실시한 임상실험도 종종 있지만, 실험결과를 보편화시키기엔 아직까지 자료가 너무나 부족하다. 따라서 약용버섯에 대한 지나친 믿음으로 검증된 현대의학을 배제한다면 도리어 더 큰 부작용을 초래할 수 있기 때문에 신중해야만 한다.

특히 지금까지 방송에서 다뤄지는 약용버섯 이야기에 현혹되지 말아야 할 것이다. 시청할 때 주의할 점은 약초만 전문적으로 채취하는 약초꾼들이 출연해 주장하는 검증되지 않은 버섯에 대한 약효이다. 물론 한의사나 버섯 전문가 또는 한의(또는 양의)학 박사들이 이들 약초꾼들과 함께 출연해 나름대로 검증하기도 한다. 하지만 약초꾼들의 추측성 의견에 대해서는 오해의 소지가 많음에도 불구하고 이에 대한 시정이나 주의가 없는 것이 매우 안타깝다.

암을 낫게 하는 약용버섯과 항암버섯

이런 프로그램으로 인해 많은 사람들이 호기심을 가지면서 무분별하게 너도나도 할 것 없이 마구잡이로 산야초나 약용버섯을 채취하는 웃지 못 할 해프닝까지 벌어지고 있는 실정이다.

예를 들어 미국에서 벌어진 해프닝인데, 재미동포들이 국립공원에서 채취가 금지된 산야초나 버섯을 채취하다가 적발되어 페널티를 받는 일이 부지기수였다. 더구나 이로 인해 재미동포들이 단속대상 1위에 올랐다고 한다.

약용버섯은 어떤 질병이건 상관없이 좋은 효과를 나타나는가? 절대로 그렇지 않다가 정답이다. 그 이유는 다른 약물에 거부반응을 나타내는 부작용이 따르기 때문이다. 예를 들어 혈액을 묽게 해주는 혈전치료제를 복용할 때 목이버섯의 섭취는 매우 좋지 않다. 즉 목이버섯에는 혈액을 묽게 해주는 성분이 함유되어 있는데, 월경과다를 통해 여성들이 알 수가 있다.

구멍장이버섯인 붉은덕다리버섯, 덕다리버섯, 잎새버섯 등에는 티라민(tyramine) 성분이 함유되어 있다. 그래서 혈압강하제나 항우울제를 복용할 때는 먹지 말아야 한다. 티라민은 혈관수축과 혈압상승작용을 하는데, 맥주, 맥각, 숙성치즈, 초콜릿, 붉은 포도주 등에도 함유되어 있다.

잎새버섯은 혈전증치료제 와파린(wafarin)이나 피를 묽게 하는 약을 복용할 때는 먹지 말아야 한다. 그 이유는 상처가 생겼을 때 지혈이 되지 않을 수도 있기 때문이다.

결론적으로 약초나 약용버섯을 섭취하거나 사용할 때는 성분이나 부작용 등에 대한 정확한 지식을 숙지해야만 한다. 그래야만 더 좋은 효과를 얻을 수 있고 안전하게 사용할 수가 있다.

1. 식물섬유효과
2. 혈당승하작용
3. 비만억제작용
4. 콜레스테롤 강하
5. 항종양활성
6. 항혈전작용
7. 골다공증 예방
8. 면역증강, 항염증작용
9. 치매증 개선작용
10. 강심작용
11. 혈압승하작용
12. 항바이러스작용
13. 섭식억제효과

지구상에 존재하는 모든 버섯의 균사체에는 암 예방이나 생활 습관병 등에 좋은 효능이 있다.

각종 버섯의 암세포 저지율

항종양저지율(암세포 Sarcoma 180/마우스)은 약 80%이며,
복수암억제율은 약 70%이다.

버섯 추출 엑기스의 항종양 실험표

	버섯 이름	종양 저지율	종양의 완전 퇴축율
송이과	표고버섯	80.7	6/10
	팽이버섯	81.1	3/10
	느타리버섯	75.3	5/10
	송이버섯	91.8	5/9
진흙버섯과	전나무진흙버섯	67.6	1/9
	말똥진흙버섯	87.4	6/9
	상황버섯	96.7	7/8
구멍장이 버섯과	잔나비걸상버섯	64.9%	5/10
	구름버섯	77.3	4/8
	흰구름버섯	65.0	2/10
	대합송편버섯	49.2	1/10
	조개껍질버섯	23.9	0/9
	삼색도장버섯	70.2	4/7
	아카시재목버섯	44.2	3/10
	기와옷솔버섯	45.5	1/10
	흰융털구름버섯	59.5	0/10
	벌집버섯	71.9	0/10
	말굽버섯	80.0	2/8
	소나무잔나비버섯	51.2	3/9;
	쓰가불노초버섯	77.8	2/10
	자작나무버섯	49.2	0/7
	등갈색미로버섯	80.1	0/8

자료출처 :現代出版(日本 東京都)/8版/奇蹟의 藥效버섯/著 :水野卓

항암 효과

다당체(베타 크루칸)성분은 암 발생과 성장을 억제해주는 효과가 있지만, 안타깝게도 다른 버섯들보다 다당체의 함유가 많다는 근거가 없다.

스테로이드성분은 암세포를 직접 공격해 소멸시켜준다.

D-프랑크션이란 다당류에는 강한 암 억제효과가 있는데, 32종의 버섯 가운데 말굽버섯이 최고였다고 한다.(경희대학교 약학대학 이경태 교수가 항암효과에 가장 좋다는 상황버섯과 비교했는데, 항암, 항염증에는 말굽버섯이 효과가 월등히 높은 것으로 분석했다)

항바이러스, 항염증, 항 돌연변이 효과

여러 가지 버섯 추출물에 대한 돌연변이 억제효과는 2.5mg/plate에서 말굽버섯 42%, 표고버섯 17%, 영지버섯 13%, 상황버섯 12% 등의 저해효과를 확인했다.(부산대 생활환경대학 식품영양학과 박건영교수)

상황버섯
96.7%
종양저지율

송이버섯
91.8%
종양저지율

진흙버섯
87.4%
종양저지율

팽이버섯
81.1%
종양저지율

표고버섯
80.7%
종양저지율

상황버섯
96.7%
종양저지율

송이버섯
91.8%
종양저지율

진흙버섯
87.4%
종양저지율

팽이버섯
81.1%
종양저지율

표고버섯
80.7%
종양저지율

기적의
약용버섯
항암버섯

갈색균핵동충하초

자낭균류 맥각균목 동충하초과의 버섯
Elaphocordyceps ophioglossoides (Ehrh.) G. Sung, J. Sung & Spat.

Dr's advice

동충하초(冬蟲夏草)는 다른 생물에 기생해서 자라는 버섯이다. 갈색균핵동충하
초는 땅속에서 자라는 균핵인 Elaphomyces류에 기생해서 자라는 것이다. 균
핵(Elaphomyces granulatus Fr.)은 여름철에서 가을철까지 너도밤나무 또는
소나무줄기 바로 밑 땅속에서 발생한다. 크기가 1~4㎝의 둥근 구형(球形)에 갈
황색을 띠고 아주 작은 오톨도톨한 과립모양이다. 너도밤나무 또는 소나무에
균근을 형성하는 균근균을 말한다.

분포지역

전 세계

서식장소/ 자생지

너도밤나무 또는 소나무 밑에 있는 땅속에서 자란다. 땅속에서 돋는
균핵 Elaphomyces류에 기생한다.

크기

1~4㎝

약용, 식용여부

약용, 식용할 수 있다.

생태와 특징

갈색균핵동충하초는 신장과 폐의 강장제인데, 몸의 기를 향상시켜
준다. 또한 생리불순과 자궁출혈에 효능이 뛰어나며 항진균과 항종
양 작용을 한다.

보편적인 동충하초 학명 중에 속명이 Cordyceps라는 단어가 있는
데, 이것은 곤봉(club)을 의미하는 그리스어 kordyle와 머리나 두부
를 의미하는 ceps와 조화된 합성어로 '곤봉의 머리' 라는 말이다. 갈
색균핵동충하초 학명 중에 Elaphocordyceps는 동충하초를 의미하
는 cordyceps와 균핵을 의미하는 Elaphomyces와의 합성어로 '균
핵에서 돋아난 동충하초' 라는 말이다. 갈색동충하초의 ophioglosso
ides란 종명은 뱀을 의미하는 ophi와 혀를 의미하는 gloss와의 합성
어로 '뱀의 혀처럼 생긴다' 는 말이다. 즉 갈색균핵동충하초는 모양
이 뱀의 혀처럼 생겼는데, 영어속명으로 'adder's Tongue(살무사
의 혀)' 라고 한다.

성분

갈색균핵동충하초는 항진균 성분인 ophiocordin과 항종양 성분인
galactosaminoglycans 3종 등이 함유되어 있다. 또 둥근 머리 모
양인 다른 균핵동충하초
Elaphocordyceps capitata에는
indole alkaloids와 베타(103)
글로겐이 함유되어 있다.

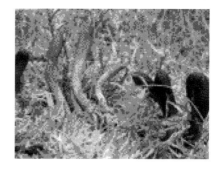

한의학적 효능

갈색균핵동충하초의 맛은 약간

맵거나 온화해 중국에서는 폐와 신장의 강장제로 널리 사용하고 있다. 정자생산과 적혈루를 증가시켜 신체의 기를 향상시켜준다. 복용방법은 내장을 제거한 오리를 깨끗이 씻어 먼저 뜨거운 물로 끓여낸다. 그다음 뱃속에 갈색균핵동충하초를 넣어 또다시 푹 고아 먹는다. 이렇게 고아진 오리국물은 맛이 달고 좋기 때문에 기침, 감기, 관절통, 빈혈 등에 효능이 있다. 또 갈색균핵동충하초탕은 생리불순과 유섬유종, 폐경으로 나타나는 고다출혈치료에도 쓰인다.

이밖에 생리불순에 효능이 있는 식용오이풀 Garden Burnet(Sanqu isorba officinalis)의 뿌리와도 궁합이 잘 맞아 갈색균핵동충하초와 함께 사용하면 좋다. 즉 생리불순조절작용은 균사체에서 추출되는 두 가지 성분 때문인데, 이 성분은 여성호르몬인 에스트로겐의 활성작용과 동일한 작용을 한다.

항암효과와 약리작용(임상보고)

갈색균핵동충하초의 약리작용을 보면, 성분 ophiocordin에는 염증을 치료하는 소염성분과 항균성분을 비롯해 말초혈류를 자극하는 polysaccharide CO-1도 들어있다. 또한 항생물질이 들어있어 항진균 작용과 면역성 향상으로 체내 유해물질을 제거해주는 대식세포를 활성화시켜준다.

특히 항종양성분인 galactosaminoglycans는 CO-N, SN-C, CO-1 등 3종의 항종양 성분이 함유되어 있다. CO-N은 수용성 글리칸인데, sarcoma 180에 대한 높은 억제율이 98.7%로 나타났다. SN-C는 표고의 lentinan이지만, 구름버섯(운지)에서 추출한 것보다 더 높은 항종양 작용이 나타났다. 이 성분은 면역 활성과 세포독 작용을 한다. CO-1은 SN-C 내에 함유되어 다당체로 표고의 lentinan구조와 매우 비슷하다. 물에는 잘 녹지 않지만, 젖산, 구연산, 식초 등에는 반응이 좋은데, 이 성분이 바로 sarcoma 180에 대한 강한 억제율을 나타냈다.

먹는 방법

생리불순과 자궁출혈일 때

갈색균핵동충하초, 지유(오이풀뿌리) 각 6g을 물을 붓고 달여 1일 2회 복용한다. 식용으로도 섭취해도 된다.

감기, 기침, 빈혈, 관절통

중국에서는 전통적으로 오리를 깨끗이 손질하여 뜨거운 물에 끓여 낸 다음 갈색균핵동충하초를 속으로 넣어 다시 고아 먹는다고 한다.

자궁출혈과 생리불순

갈색균핵동충하초와 오이풀의 뿌리 지유(地楡)를 각각 6g씩 물에 달여 하루 두 번 복용한다.

갈색쥐눈물버섯

주름버섯목 눈물버섯과 쥐눈물버섯속
Coprinellus micaceus(Bull.) Vilgalys, Hopple,&Johnson

Dr's advice

이 버섯은 모두 식용버섯으로 애용되며, 항종양과 항균작용도 뛰어나다.

생태와 특징

갈색쥐눈물버섯[Coprinellus micaceus(Bull.) Vilg., Hopple & Johns]의 옛 이름은 갈색먹물버섯[Coprinus micaceus(Bull.) Fr.] 이었지만, 쥐눈물버섯 속으로 바뀌면서 갈색쥐눈물버섯으로 불리게 되었다. 이 버섯은 이른 봄부터 활엽수의 고목그루터기나 뿌리부근, 땅에 묻힌 나무주변에서 많이 자생한다.

항암효과와 약리작용(임상보고)

1973년 Ohtsuka 등이 실시한 임상실험에서 항종양 작용, 즉 sarcoma 180 암에 대해 70%의 억제율과 Ehrlich 복수암에 대해 80%의 억제율이 나타났다. 또 항균성분도 들어 있어 소아마비바이

러스에 대한 항균작용이 있다는 것
도 밝혀냈다. Winnipeg대학교 연구
팀의 연구에 의하면 길색쥐눈물버섯
에서 미카세올과 스테롤이란 자연
항균성분이 코리네박테리움 크세로
시스균과 황색포도상구균에 대해 항
균작용을 입증했다.

검은비늘버섯

담자균문 균심아강 주름버섯목 독청버섯과 비늘버섯속
Pholiota adiposa (Batsch) P. Kumm.

분포지역

한국, 중국, 유럽, 북미

서식장소/ 자생지

활엽수 또는 침엽수의 죽은 가지나 그루터기

크기

갓 지름 3~8cm, 대 길이 7~14cm, 직경 0.7~0.9cm

생태와 특징

봄부터 가을에 걸쳐 활엽수 또는 침엽수의 죽은 가지나 그루터기에 뭉쳐
서 무리지어 발생한다. 검은비늘버섯의 갓은 지름이 3~8cm 정도이며, 처
음에는 반구형이나 성장하면서 평반구형 또는 편평형이 된다. 갓 표면은
습할 때 점질성이 있으며, 연한 황갈색을 띠며, 갓 둘레에는 흰색의 인편이
있는데 성장하면서 탈락되거나 갈색으로 변한다. 조직은 비교적 두껍고,
육질형이며, 노란백색을 띤다. 주름살은 대에 완전붙은주름살형이며, 약간
빽빽하고, 처음에는 유백색이나 성장하면서 적갈색으로 된다.

약용, 식용여부

식용버섯이지만 많은 양을 먹거나 생식하면 중독되므로 주의해야 한다.
혈압 강하, 콜레스테롤 저하, 혈전 용해 작용이 있으며, 섭취하면 소화에도
도움이 된다.

굵은대곰보버섯

주발버섯목 곰보버섯과 곰보버섯속
Morchella crassipes(Vent.) Pers.

분포지역

한국, 중국 등

서식장소/ 자생지

숲속땅 위

크기

자실체 길이 약 6cm~15cm, 지름 5cm정도

생태와 특징

여름에 숲속땅 위에서 발생한다. 자실체 길이는 약 6cm~15cm, 지름은 5cm
정도이다. 봄에 발생하며, 대는 백색, 갓은 엷은 노란색을 띄고 있다. 홀씨
크기는 230-260μm×18-21μm이다.

약용, 식용여부

식용할 수 있으나, 독이 있다. 소화불량과 가래가 많은데 좋다.

큰갓버섯

담자균문 균심아강 주름버섯목 주름버섯과 큰갓버섯속
Macrolepiota procera (Scop.) Singer

Dr's advice

매년 큰갓버섯과 흡사한 흰독큰갓버섯에 의한 식중독사고가 발생한다. 외형적인 차이점은 큰갓버섯에 비해 흰독큰갓버섯은 버섯 갓의 크기가 비교적 작고, 갓 위의 사마귀점은 큰갓버섯이 규칙적으로 나 있는 반면 흰독큰갓버섯은 없거나 불규칙하다. 버섯 대의 크기도 흰독큰갓버섯이 비교적 작고 가는 편이며, 특히 큰갓버섯의 버섯 대에는 뱀 껍질 모양의 무늬가 있으나 흰독큰갓버섯에는 무늬가 없다.

분포지역
한국 등 전세계
서식장소/ 자생지
숲 속, 대나무밭, 풀밭의 땅
크기
버섯갓 지름 8~20cm, 버섯대 굵기 1.2~2cm, 길이 15~30cm
생태와 특징
갓버섯이라고도 한다. 여름부터 가을까지 숲 속, 대나무밭, 풀밭의 땅에서 한 개씩 자란다. 버섯갓은 지름 8~20cm이고 처음에 달걀 모양이다가 나중에 편평해지며 가운데가 조금 봉긋하다. 갓 표면은 연한 갈색 또는 연한 회색의 해면질이며 갈색 또는 회갈색의 표피가 터져서 비늘조각이 된다. 살은 흰색의 솜처럼 생겼으며 주름살은 떨어진주름살이고 흰색이다. 대의 상단부에 반지모양의 턱받이가 있으며, 위아래로 움직일 수 있다. 제주도에서는 마분이나 우분 위에서 발생하기도 하여 "말똥버섯"이라 한다.

버섯대는 굵기 1.2~2cm, 길이 15~30cm이고 뿌리부근이 불룩하며 속이 비어 있다. 버섯대 표면은 회갈색의 비늘조각이 있어서 얼룩이 생긴다. 홀씨는 13~16×9~12μm이고 달걀 모양이다. 홀씨 무늬는 흰색이다. 식용할 수 있고 제주도에서는 초이버섯이라고 한다. 한국 등 전 세계에 분포한다.

> **과립여우갓버섯**
> 유방암의 원인인 aromatase(방향화효소)를 억제하는 2-aminophenoxazin-3-one과 lepiotaquinone 등의 성분이 함유되어 있다. 2005년 Petrova 등의 연구에서 과립여우갓버섯, 구름송편버섯(운지), 표고, 잎새버섯, 느타리, 차가버섯, 꽃송이버섯 등이 유방암치료에 효과가 있다는 것을 밝혀졌다. 더구나 부가요법인 수술, 화학요법, 방사선요법 등과 병행치료하면 효과가 더 좋았다. 항암효과는 sarcoma 180에 대해 70%의 억제율을 보였고 Ehrlich 복수암에는 80%의 억제율이 나타났다.

성분

큰갓버섯에는 유리아미노산 20종을 비롯해 글루코스, 글리세롤, 마니톨, 트레할로세, 다당류 레피오탄 등이 함유되어 있다. 이 성분은 쥐 실험을 통해 항종양작용 sarcoma 180에 대해 64%의 억제율이 나타났고, 그람양성균 Serratia marcescens에는 항균작용이 나타났다.

한의학적 효능

중국에서는 갓버섯을 정기적으로 섭취하면 건강증진과 소화에 효능이 있다고 한다. 즉 갓버섯은 20종의 유리 아미노산을 함유하고

있는데, 이 중에 필수 아미노산이 8종이나 함유되어 있다.

항암효과와 약리작용(임상보고)

쥐 실험에서 항종양 작용 sarcoma 180에 대한 64% 억제율을 보여 주고, 그람양성균 Serratia marcescens에 대한 항균작용이 있다. 최근에는 큰갓버섯 균사체 또는 자실체의 추출물이 엘라스타제 활성억제로 인한 항노화 및 피부주름개선 효과에 우수하다는 것이 알려졌다.

먹는 방법

음식을 먹고 체했을 때에 이 버섯을 호박잎에 싸 먹으면 소화가 촉진돼 체가 내려가는 효과가 있다. 그러나 날것으로 먹으면 소화기계통에 약한 중독이 일어나거나 알레르기 증상이 일어날 수 있으므로 주의해야 한다.

개암다발버섯(개암버섯 개칭, 속 변경)

주름버섯목 독청버섯과 개암버섯속
Hypholoma sublateritium (Schaeff.) Qul.

Dr's advice

항종양 즉 Sarcoma 180에 대한 마우스실험결과 억제율이 60%였고 Ehrlich 복수암에 대한 마우스실험결과 억제율이 70%의 효능을 보였다.
개암버섯은 '산의 쇠고기' 라고 할 정도로 맛있는 식용버섯이지만 이와 아주 유사한 노란다발버섯은 잘못 먹고 중독사고가 생겨 생명을 잃은 사례도 있다.
이들의 핵심적인 구별방법은 맛에 있다. 개암버섯은 쓴맛이 없고 노란다발버섯은 독버섯으로 쓴맛이 있다. 노란다발버섯은 갓의 색이 황녹색이고, 개암버섯은 황갈색이라는 점이 특별히 다르다.

분포지역
한국(모악산, 한라산), 동아시아, 유럽, 북아메리카
서식장소/ 자생지
졸참나무, 참나무, 밤나무 등 활엽수의 벤 그루터기나 넘어진 나무 또는 흙에 묻혀 있는 나무
크기
갓 지름 3~8cm, 자루 길이 5~10cm, 지름 0.8~1cm

생태와 특징

북한명은 밤버섯이다. 졸참나무, 참나무, 밤나무 등 활엽수의 그루터기나 넘어진 나무 또는 흙에 묻혀 있는 나무에서 뭉쳐난다. 갓은 지름 3~8cm로 처음에 반구 모양 또는 둥근 산 모양에서 나중에 편평해진다. 표면은 밝은 다갈색이며 가장자리에 흰 외피막이 있다. 갓주름은 빽빽하고 처음에는 노란빛을 띤 흰색이나 포자가 익으면 연한 자줏빛을 띤 갈색으로 된다.

자루는 길이 5~10cm, 지름 0.8~1cm이며 윗부분은 엷은 노란색, 아랫부분은 엷은 다갈색이고 속은 비어 있다. 포자는 길이 5.5~8㎛, 나비 3~4㎛로 타원형이고 발아공이 있으며 표면은 매끄럽다. 포자무늬는 어두운 자줏빛을 띤 갈색이다. 어려서 갓이 열리지 않았을 때는 갓 아래쪽에 얇고 불완전한 막을 펴는데 이 막이 자루의 띠가 되지 않고 갓 가장자리에 막의 조각으로 남는다. 한국(모악산, 한라산), 동아시아, 유럽, 북아메리카 등지에 분포한다.

한의학적 효능

면역력을 향상시켜주는 강장효과와 콜레스테롤을 낮춰주는 효과가 있기 때문에 고기종류와 함께 먹으면 좋다.

개암버섯의 식감은 쫄깃하고 항종양(Sarcoma 180/마우스, 억제율 60%, Ehrlich 복수암/마우스, 억제율 70%) 약리작용으로 효과가 뛰어나며 강장, 콜레스테롤 수치를 낮춰지는 효능이 있다고 문헌에 기록 되어 있다.

먹는 방법

이 버섯의 맛은 노란다발버섯과 다르게 쓰지 않고 부드럽지만, 버섯 대를 먹으면 소화불량을 일으키기 때문에 반드시 제거해야만 한다. 특히 조개를 넣어 죽을 쑤거나, 고기와 넣어 함께 볶으면 된다. 요리 후 버섯의 씹는 맛이 좋고 부드러운 향이 난다. 최상품은 주름이 백색을 띠지만, 하품은 갈색에 탄력이 없기 때문에 씹는 감촉이나 맛이 없다. 앞에서 말했지만 버섯 대는 반드시 제거한 다음 된장국, 고기두루치기, 육개장 등에 넣어서 먹는다.

식용방법으로는 맛은 씹는 맛이 오독오독하며 약간 향이 있다. 대의 육질은 단단하고 쫄깃하며 씹을수록 맛이 난다. 버섯을 먹는 것보다 맛을 내는 소스로 사용하는 것이 좋다. 부드럽거나 다소 쓴맛이 있다. 식용으로 버섯찌개·버섯볶음 등에 소나 돼지고기와 함께 넣어 요리를 하면 더욱 맛이 있다.

한국의 약용버섯 항암버섯

고무버섯(까치버섯, 먹버섯, 곰버섯)

자낭균류 고무버섯목 두건버섯과의 버섯
Bulgaria inquinans (Pers.) Fr.

Dr's advice

위암예방과 항암, 치매증상 치료 등에 효과가 있으며, 항균 작용도 한다. 이밖에 대장암, 폐암, 중추신경계의 암에 약리적 효과가 있다. 맛과 향이 빼어난 버섯으로 건조될수록 향이 짙어진다. 다양한 아미노산이 풍부하게 함유되어 있다.

분포지역
한국, 중국, 일본, 유럽, 북아메리카, 러시아 시베리아
서식장소 / 자생지
활엽수의 그루터기나 통나무 등의 나무껍질 틈
크기
자실체 지름 1~4cm, 높이 1~2.5cm

생태와 특징

여름부터 가을에 섞은 활엽수의 그루터기나 통나무 등의 나무껍질 틈에 무리를 지어 난다. 자실체는 지름 1~4㎝, 높이 1~2.5㎝로 처음에는 둥근 모양이나 자라면서 차츰 오므라져 얕은 접시 모양이 된다. 윗면은 처음에는 갈색이며 완전히 자라면 흑갈색이 되고 아랫면은 진한 갈색이다.

조직은 연한 갈색이며 탄력이 있는 한천질이다. 옆면에는 불규칙한 주름들이 있다. 포자는 10~17×6~7.5㎛로 타원형이며, 포자무늬는 갈색이다.

항암효과와 약리작용(임상보고)

치매증상 치료에 이용되는 성분을 지니고 있으며, 항종양(대장암, 폐암세포, 중추신경계암세포 등), 항균, 지질, 과산화 저해활성 성분이 있다. 항산화 물질이 들어있어 항종양이나 급만성 염증을 억제해 준다.

먹는 방법

식용버섯으로 향기가 좋고 건조될수록 향기가 더더욱 강해진다. 데쳐서 먹으면 맛이 일품이다. 특히 독이 없는 버섯이기 때문에 보편적으로 끓는 물에 살짝 데쳐 무치거나 초장이나 들기름 장에 찍어서 먹으면 된다. 바닷말과 비슷한 향이 나고 약간 쓴맛이 나는 것이 특징이다.

곰보버섯

자낭균류 주발버섯목 곰보버섯과의 버섯
Morchella esculenta(L.) Pers.

Dr's advice

검은 색을 띤 것이 특징인데, 유럽에서는 버섯을 말려 시장에서 판매하고 있으며, 파키스탄과 인도에서는 매년 많은 양의 버섯을 유럽으로 수출하고 있다. 최근 들어 북미에서는 곰보버섯에 대한 집중 연구결과를 발표했는데, 이때 새로운 학명이 붙여진 곰보버섯만 23종이었다. 특히 곰보버섯에는 혈액속의 적혈구를 파괴시키는 미량의 용혈독소가 함유되어 있다. 하지만 이 독소는 끓는 물에서는 제거되기 때문에 반드시 버섯을 익혀 섭취해야만 한다.

분포지역
한국(지리산) 등 북반구 온대 지역
서식장소 / 자생지
숲, 정원수 밑
크기
자실체 높이 6~12cm

생태와 특징

3~5월에 숲이나 정원수 밑에서 무리를 지어 자란다. 자실체의 갓 부분에 자낭포자와 측사(側絲)가 들어 있다. 몸은 갓과 자루로 되어 있으며 높이 6~12㎝이다. 갓은 연한 노란색이고 넓은 달걀 모양이며 바구니 눈 모양의 홈이 있고 무른 육질이다. 자루는 길이 4~5.5㎝, 나비 3~2.6㎝로 거의 원기둥 모양이고 흰색 또는 연한 노란빛을 띤 흰색이며 속은 비어 있다. 자낭은 갓의 밑 부분에 있는 홈의 안쪽에 형성되고 그 속에 8개씩 무색 타원형의 포자가 만들어진다. 포자의 표면은 편평하고 밋밋하며 포자무늬는 흰색이다. 나무와 균근을 이루어 공생생활을 한다.

성분

현대의학에서 곰보버섯은 항종양 성분과 급만성 염증 및 암종양 성장억제성분 및 항산화물질을 가지고 있다는 것이 속속 밝혀지고 있다.

한의학적 효능

중국 전통의학에서 소화불량에 곰보버섯을 썼고, 항종양, 급만성 염증 억제성분과 항산화 물질이 들어 있다고 한다.

중국 전통의학에서 곰보버섯은 그 맛이 달고 차며 독이 없다 하였다. 위장강화에 좋아(益胃腸) 소화불량에 사용하였고, 가래를 줄이고 몸의 생기 흐름을 조절해 준다고 믿었다(化痰理氣). 그래서 달인 물은 소화불량 치료와 과도한 가래와 숨가쁨 증상 치료에 사용하였다(痰多氣短).

항암효과와 약리작용(임상보고)

곰보버섯을 현대의학으로 연구한 결과 항종양, 급·만성염증, 암 종양성장억제 성분이 함유되어 있다는 것이 밝혀졌다. 즉 50% 균사체에서 추출한 에타놀을 암에 걸린 쥐에게 투여한 결과 종양크기를 74%, 종양무게를 79%까지 억제했다. 또한 배양한 균사체에서 추출한 알코올은 백금을 함유한 고환이나 난소종양, 방광암치료제인 젠타마이신(gentamicin)과 시스플라틴(cisplatin)으로 치료할 때 나타나는 신장의 독성효과도 막아주었다. 이밖에 항산화물질이 함유되어 있다는 것도 밝혀지고 있다.

먹는 방법

건조한 곰보버섯 60g을 1 리터 물에 달여 하루 두 컵씩 마신다.

유전적으로 잠두 중독증 (잠두를 먹거나 그 꽃가루를 들이마셔 일어나는 급성 용혈성 빈혈)을 유발하는 글루코스-6-인산탈수소 효소(enzyme G6PD) 결핍증을 가진 사람들은 곰보버섯을 섭취하였을 때 심한 빈혈증 위험이 따른다고 한다. 하지만, 이러한 증상은 지중해 연안 사람들의 후손에게서만 나타난다고 한다.

운지버섯(구름버섯)

담자균문 균심아강 민주름버섯목 구멍장이버섯과 구름버섯속
Coriolus versicolor(L, ex Fr,)

Dr's advice

영지버섯이나 상황버섯 등에 버금가는 항암효능이 있기 때문에 위암, 폐암, 간암 등에 좋은 효과를 보이고 있다. 구름버섯은 널리 알려진 항암효과 외에 위궤양, 만성간염, 동맥경화, 고혈압, 만성기관지염·순환장애·관절염에 효과가 좋다고 알려져 있다. 소화기관의 운동을 활발하게 하며 간암, 소화기암, 유방암, 폐암 등에 특효를 낸다. 폐암에는 도라지와 함께 약재로 쓰는 경우도 많다. 항암제인 크레스틴(PSK)은 구름버섯의 성분을 추출, 개발한 것으로 항암효과 이외에도 면역체계에 도움이 되며, 특히 간에 좋은 것으로 알려져 있다.

분포지역

한국, 일본, 중국 등 전 세계

서식장소/ 자생지

침엽수, 활엽수의 고목 또는 그루터기, 등걸

크기

갓 너비 1~5cm, 두께 0.1~0.2cm

생태와 특징

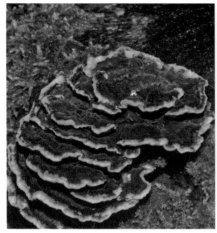

갓의 모양이 반원형이고 겉은 흑색에서 남 흑색을 띤다. 흑색, 흑갈색, 회색, 암갈색, 황갈색 등의 고리무늬와 함께 짧은 털이 빼곡히 돋아 있다. 혁질의 조직에 백색을 띠고 돋아 있는 털 밑에 하피(下皮)가 있다. 갓 밑에 있는 관공의 길이가 0.1cm로 백색에서 회백색을 띤다. 관공구는 원형에서 각형인데, 1mm에 3~5개가 뚫려있다. 포자의 크기는 5~8×1.5~2.5μm로 원통 모양이며, 표면은 넓고 비아밀로이드이며, 포자문은 백색을 띤다. 봄부터 가을까지 침엽수, 활엽수 등의 고목이나 그루터기를 비롯해 등걸 등에 수십에서 수백 개가 중생형(重生形)으로 자란다. 한국, 일본, 중국 등을 비롯해 전 세계적으로 분포한다.

성분

약용버섯으로 함유된 성분은 유리아미노산 18종을 비롯해 면역효과, 콜레스테롤저하, 항그람양성균(Staphylococcus aureus), 항염증, 혈당증가억제, 보체활성 등이다. 따라서 만성 기관지염, B형 간염, 천연성 간염, 만성 활동성 간염, 간암예방과 치료, 유암, 폐암, 소화기계 암 등에 적용된다.

한의학적 효능

약용버섯으로 쓰이는 구름버섯은 회색빛이 나는 버섯만 쓰이고 갈색빛이 나는 것은 식용불가이니 주의해야 한다.

항암효과와 약리작용(임상보고)

항종양, 기관지염, 간염 등에 탁월한 효능이 있다. 약리실험에서 항종양 억제율이 100%로 나타나 항암효과에 탁월하다. 이밖에 콜레스테롤저하, 만성간염, 기관지염 등에도 효능이 있는 것으로 나타났다. 이에 따라 일본에서는 악성종창 치료제로 사용되고 있다.

운지를 복용하면 체내 습 제거, 열 강하, 해독 등을 비롯해 기침을 멎게 해준다. 이밖에 인후종통, 만성기관지염, 만성 활동성 간염, 간경변, 종양 등을 치료할 때 사용된다. 더구나 동맥경화억제, 혈당강하, 면역증강, 항종양 등에 약리작용을 보인다는 보고도 있다.

이 버섯의 화학성분은 유리아미노산, Ergosterol, Beta-sitostero, Polysaccharide K(PSK), Polysaccharide-peptide(PSP) 등이 함유되어 있다. 항암작용의 기능성 성분은 세포벽을 이루고 있는 물질인 글루칸으로 Polysaccharide K(PSK)라고 부른다. PSK는 정상세포에서는 독성이 나타나지 않지만, 암세포에서는 독성을 발휘한다. 이밖에 면역세포를 활성화시키는 효능도 지니고 있다.

최근 들어 담자균류의 버섯들이 항암제나 면역증가제 등으로 인기를 누리고 있다. 특히 구름버섯의 다당류가 항암제로 개발되면서 일본에서는 크레스틴R, 한국에서는 코포랑R로서 인기리에 사용되고 있다.

먹는 방법

말린 구름버섯 10~20g을 물에 넣어 연하게 끓인 다음 수시로 보리

차처럼 마신다. 몸이 찬 사람은 마른생강을 가미해서 마시면 된다.

주의할 점

은 첫 번째 끓였을 때 세포벽에 들어있는 유효성분이 쉽게 녹아 나오지 않는다. 따라서 두 번째 끓였을 때부터 우려 나오기 때문에 보편적으로 3~5회 정도 우려내서 먹으면 된다. 즉 마른 것을 끓일 때의 팁은 잘게 썬 버섯을 미지근한 물에 충분히 불려서 사용하면 된다. 단 몸이 냉한 사람은 맞지 않기 때문에 섭취하지 말아야 한다.

폐암일 때 구름버섯에 도라지를 가미해 푹 끓인다.

빈혈, 현기증, 피로, 가슴 답답함, 복부팽만 등일 때는 1일 말린 버섯 8~12g에 대추 20개를 가미해 물 500㎖를 붓고 반으로 줄 때까지 끓인다.

소화기계통

잘 손질해 말린 구름버섯 30g에 물 1ℓ를 넣고 달여서 마신다. 건강상태 및 취향에 따라 감초·대추·도라지·상황버섯 등을 함께 넣어 달여 먹기도 한다.

특히 장기간 적당량을 꾸준히 복용해야 효과를 볼 수 있는 만큼 흔히 먹는 보리차 대신 구름버섯차를 마시는 것도 건강을 위해 좋은 방법이 될 것이다. 구름버섯은 한번 사용하고 버리는 게 아니라 우려낸 물이 맛을 내지 않을 때까지 몇 번이고 달여서 복용한다.

항암제

잘 씻어 말린 구름버섯을 밀폐 용기에 넣고 소주 약 1.8ℓ를 부어서 밀봉한 후 서늘한 곳에서 6개월가량 숙성시켜 마신다.

구멍장이버섯(개덕다리버섯)

담자균류 민주름버섯목 구멍장이버섯과의 버섯.
Polyporus squamosus (Huds.) Fr.

Dr's advice

쥐의 실험을 통해 항종양 작용이 나타났는데, sarcoma 180에 대해 80%의 억제율을 보였다. 또 자실체 추출물은 sarcoma 180에 대해 72%의 억제율이 나타났고 Ehrlich 복수암에는 60%의 억제율을 나타냈다. 이 실험에서 리파아제(지방분해 효소)와 아밀라아제(전분 가수분해 효소) 등에 활성작용이 높았다.

분포지역

한국, 일본, 타이완, 필리핀, 오스트레일리아, 아메리카

서식장소/ 자생지

활엽수의 마른나무

크기

갓 지름 5~15cm, 두께 0.5~2cm

생태와 특징

개덕다리버섯이라고도 한다. 활엽수의 마른 나무에서 생긴다. 갓은

지름 5~15㎝, 두께 0.5~2㎝로 부채 모양이고 자루는 한쪽으로 치우쳐 있으며 굵다. 갓 표면은 엷은 노란빛을 띤 갈색으로 짙은 갈색의 커다란 비늘껍질을 가진다. 살은 희고 강한 육질이며 마르면 코르크 모양으로 된다. 갓 뒷면에는 무수한 구멍이 있으며 담자기(擔子基)는 그 구멍의 내면에 생긴다.

자루는 단단하고 밑부분이 검다. 포자는 길이 11~14㎛, 나비 4~5㎛로 색이 없으며 긴 타원형이다. 어린 버섯은 식용한다. 목재에 붙어서 백색부후를 일으킨다. 어릴 때는 식용가능하다.

성분
디펩타이드, 트리펩타이드, 프로아테아제가 함유되어 있으며, 종양을 억제하는 효능이 있다.

한의학적 효능
구멍장이버섯은 담즙분비 촉진작용을 가지고 있어 담즙의 흐름을 도와 지방산 분해를 돕고 건강한 장기능을 보장해 주며 항종양, 항균 작용이 있고 거풍, 외상, 요통, 풍습증에 좋다고 한다.

항암효과와 약리작용(임상보고)

이 버섯은 동물실험을 통해 담즙분비촉진(choleretic)과 담즙분비제
(cholagogue) 등의 작용이 있다는 것이 알려졌다. 담즙분비제란 담
낭의 수축과 담즙분비를 촉진해 간에서의 담즙분비를 이끌어준다.
이런 작용들은 지방산분해와 살균을 비롯해 건강한 장 기능을 향상
시켜준다.

이 버섯에는 5-아데노신 1인산(adenosine monophosphate=AMP),
5-아데노신 2인산(adenosine diphosphate=ADP) 외 5-ATP, 5-
CMP, 5-GMP, 5-UMP 등의 성분이 함유된 것이 밝혀졌다. 약리
작용은 쥐의 실험을 통해 항종양 sarcoma 180에 대한 60%의 억제
율이 나타났다. 더구나 보신, 거풍 등에 효과가 있었고 풍습, 외상,
요통 등에 효과가 좋았다.

1996년 Fleck 등은 벌집구멍장이버섯에 함유된 isodrimenediol,
drimenediol 및 isocryptoporic acid H-1인 sesquiterpenes 등의
성분을 분리해냈다. 이 버섯의 균사체에서 뽑아낸 추출물을 물과 유
기 분류한 성분은 살모넬라균, 대장균, 고초균, 황색포도상구균 등
에 항균작용을 했다. 또 배양한 균사체 추출물은 쥐의 실험에서
sarcoma 180에 대해 80%의 억제율을 보였다. 자실체추출물은
sarcoma 180에 대해 72%의 억제율을, Ehrlich 복수암에는 60%의
억제율을 나타냈다.

먹는 방법

말린 버섯 6g을 차처럼 달여 마시며, 육질이 가죽질이라 식용으로
는 적합하지 않다.

긴대안장버섯

자낭균류 주발버섯목 안장버섯과의 버섯

Helvella elastica Bull.

분포지역

한국(월출산, 지리산, 가야산, 만덕산, 한라산), 북한(백두산), 일본, 유럽, 북아메리카

서식장소 / 자생지

숲 속의 땅 위

크기

자실체 지름 2~4cm, 높이 4~10cm

생태와 특징

여름에서 가을까지 숲 속의 땅 위에 한 개씩 자란다. 자실체는 지름 2~4cm, 높이 4~10cm로 머리 부분은 말안장 모양인데, 자루의 윗부분을 양쪽에 끼고 그 표면에 자실층이 발달한다. 자실층은 연한 노란빛을 띤 회백색이다. 자루는 너비 약 5mm인 원기둥 모양이며 가늘고 길다. 포자는 19~22×10~12μm이고 무색의 타원형이다. 측사는 실 모양이다.

약용, 식용여부

식용할 수 있다.

혈전용해 작용이 있으며, 민간에서는 기침, 가래 제거 등에 이용되기도 한다.

꽃구름버섯

진정담자균강 민주름버섯목 꽃구름버섯과 꽃구름버섯속
Stereum hirsutum (Willd.:Fr.) S.F. Gray

분포지역

한국, 일본, 전세계

서식장소/ 자생지

죽은 활엽수 또는 표고 원목

크기

균모의 긴지름은 1~3㎝, 두께는 0.1㎝

생태와 특징

1년 내내 고목 또는 표고를 재배하는 원목에 무리지어 나며 부생생활을 한다. 균모의 긴지름은 1~3㎝, 두께는 0.1㎝로 크기가 일정하지 않으며 반배착생이다. 가죽질이고 질기다. 표면은 회백색 또는 회황색이며 흰털이 밀생하고 동심원상으로 늘어선 고리 무늬를 나타낸다. 아랫면의 자실층은 매끄러우며 오렌지 황색 또는 연한 황색에서 퇴색한다. 단면으로는 털의 층 아래에 얇은 회갈색의 피층이 있다.

약용, 식용여부

식용불명이며, 목재부후균으로 백색 부후를 일으켜서 목재에 피해를 주는 한편 쓸모없는 목재를 분해하여 자연에 이산화탄소와 물로 환원시킨다. 항균작용이 있으며, 한방에서는 기침, 관절통에 도움이 된다고 한다.

기와버섯

주름버섯목 무당버섯과의 버섯
Russula virescens (Schaeff.) Fr.

Dr's advice

1973년 Ohtsuka 등은 실험실 연구에서 기와버섯의 항종양 작용을 측정했다. 그 결과 sarcoma 180 암과 Ehrlich 복수암에서 70%의 억제율이 있다는 것을 알아냈다. 기와버섯은 식용으로 맛뿐만 아니라 시력향상, 간과 신체의 해열, 기력향상 등을 비롯해 항암, 우울증, 콜레스테롤저하, 간의 효소생산 감소 등에 효능이 좋다.

분포지역

한국, 일본, 타이완, 중국, 시베리아, 유럽, 북아메리카

서식장소 / 자생지

활엽수림의 땅 위

크기

버섯 갓 지름 6~12cm, 버섯 대 굵기 2~3cm, 길이 5~10cm

생태와 특징

청버섯 또는 청갈버섯으로 불리는데, 북한에서는 풀색무늬갓버섯

으로 부른다. 여름에서 가을까지 활엽수림에서 1개씩 자란다. 버섯의 갓 지름은 6~12㎝이고 산처럼 둥근 모양에서 편평하게 펴지면서 깔때기 모양이 된다. 갓의 겉은 녹색 또는 녹회색을 띠고 표피는 불규칙한 다각형으로 갈라지면서 얼룩무늬로 변한다. 흰색의 살은 단단하고 주름살은 흰색에서 점차 크림색으로 바뀐다. 버섯 대는 굵기가 2~3㎝이고 길이가 5~10㎝이며, 속이 꽉 차 있고 겉은 단단하고 흰색을 띤다. 홀씨의 지름은 약 1㎝이고 길이가 5~7㎝이다. 공 모양과 비슷하고 작은 돌기와 가는 맥으로 연결되어 있다.

한의학적 효능

성미가 달고 맛이 약간 신 이 버섯은 옛날부터 중국에서 많이 애용되어 왔다. 즉 버섯을 말려 눈의 피로와 시력개선 등 안과질환 치료제로 사용했다. 또 간과 연결된 경락의 열을 식혀주고 몸의 열을 체외로 내보내며, 기력향상에 도움을 준다. 또한 여성의 막힌 기를 순환시켜 고통을 완화시켜준다. 기와버섯으로 달임 물을 만들 때 생강을 가미하는 것이 좋다.

항암효과와 약리작용(임상보고)

시력저하, 우울증, 만성기관지염, 순환장애, 위궤양, 마성간장염, 관절염, 고혈압 등에 효과가 있다. 또한 항암효과와 간암세포 억제효과가 있어 만성 간질환 환자에게 효과가 있다.

쥐의 실험을 통해 콜레스테롤을 저하시킨다는 효능이 밝혀졌다. 같은 실험에서 산화적 스트레스와 연관된 간효소(liver enzyme)의 생산을 감소시켰다. 또한 수퍼옥시드 디스무타아제(SOD=superoxide dismutase), 즉 초과산화물불균등화 효소의 수치증가를 차단시키는 것으로 나타났다. 초과산화물 불균등화 효소(SOD)는 염증원인

인 활성산소(activated oxygens:AO)의 불균등화반응을 촉매 시킨다. 활성산소가 인체 내에서 초과되면 혈소판응고항진, 용혈성빈혈, 세포장애, 조직 장애, 지방질산화 촉진 등이 발생한다.

먹는 방법

말린 기와버섯 1kg에 물 3.5L를 붓고 달인 다음, 찌꺼기는 버리고 다시 약 1L가 될 때까지 졸인다. 이 추출액을 20~30mL씩 하루에 2~3번 나누어 마신다. 다당류 선분 PS-K가 면역을 부활시키는 작용을 하며 암세포의 성장을 억제하므로 암의 치료뿐만 아니라 예방의 효과도 좋다.

꾀꼬리버섯

담자균류 민주름버섯목 꾀꼬리버섯과의 버섯
Cantharellus cibarius

Dr's advice

서양에서 고급요리 재료로 사용되고 있는데, 한국의 송이버섯이나 능이버섯만큼 인기를 누리고 있다. 이에 따라 프랑스에서는 1인당 채취할 수 있는 양이 500g이고 차량 1대당 1kg으로 정해져 있다.

애기꾀꼬리버섯 역시 이 버섯의 효능과 비슷한데, 시력향상과 간과 위장을 튼튼하게 해준다. 더구나 비타민 A가 부족해 나타나는 피부건조, 각막연화, 야맹증, 안구건조 등의 치료제로도 사용된다.

분포지역

한국(월출산, 속리산, 모악산, 지리산), 일본 등 북반구 온대 지방

서식장소 / 자생지

활엽수림과 침엽수림의 숲 속 땅

크기

자실체 높이 3~18㎝, 갓 지름 3~8㎝, 버섯 대의 길이가 3~8㎝이다.

생태와 특징

여름에서 가을까지 활엽수림과 침엽수림의 숲 속 땅에 무리를 지어 자란다. 전체적으로 선명한 노란색이며 자실체는 높이가 3~18㎝에 이른다. 버섯 갓은 지름이 3~8㎝이고 가운데가 오목하며 형태는 불규칙하게 뒤틀린다. 갓 가장자리는 얇게 갈라지며 물결 모양이고 표면은 매끄럽다. 살은 두껍고 연한 노란색이며 육질이다. 뒷면은 방사상으로 주름이 잡혀 있고 버섯 대가 있다.

버섯 대는 길이 3~8㎝이며 굵기는 일정치 않고 아래쪽으로 갈수록 가늘어진다. 버서대의 속은 차 있으며 표면은 편평하고 미끄럽다. 홀씨는 길이 7.5~10㎛, 나비 5~6㎛로 무색의 타원형이며 홀씨무늬는 크림색이다. 균근을 형성하는 것으로 알려져 있다.

약용, 식용여부

살구와 비슷한 향기가 나고 맛이 좋아 유럽, 미국에서는 인기 있는 식용버섯의 하나로 통조림으로 가공해 시판도 하고 있다.

성분

꾀꼬리버섯은 단백질의 구성 성분인 아미노산이 19종류나 들어 있다. 특히 햇빛에 노출시키면 비타민 D로 변하는 에르고스테롤이 풍부하다. 암 종양을 억제하는 약리작용이 있음도 보고됐다.

한의학적 효능

중국 전통의학에서 꾀꼬리버섯은 야맹증과 눈의 염증을 방지하기 위하여 처방되었다. 또 호흡기 계통 질환의 여러 감염증에 대한 저항력과 점막 강장에 도움을 주기 위해서도 처방되었다. 1940년 옛 소련에 병합되었다가 1991년에 독립한 라트비아(Latvia) 공화국에서는 말린 꾀꼬리버섯이나 생 버섯으로 만든 팅크제(tincture)는 편도선염, 부스럼, 종기 치료뿐만 아니라 결핵균 증식을 지연시키고 몸의 방사능을 제거하기 위하여 사용한다고 한다.

항암효과와 약리작용(임상보고)

이 버섯의 영양소는 단백질 21%, 아미노산 8종, 지방산 10종, 유리 아미노산 19종, 비타민 A, C, D2, 철분, 구연산, 사과산, 에고스테롤, 유리당 3종, 씨바릭산, 포타시움, 휘발성향기성분 6종 등을 비롯해 향기성분인 benzaldehyde 등이 함유되어 있다.

특히 풍부한 비타민 D2는 인체 내의 칼슘운반을 적절하게 조절해준다. 비타민 D2는 조류나 어류의 체내에서 칼슘축적의 원인이 되는 쥐약성분이다. 그래서 민달팽이나 달팽이, 곤충 등이 꾀꼬리버섯을 먹지 않는다. 휘발성향기성분인 1-octene-3-ol은 송이버섯에도 들어있는데, 이것 역시 민달팽이가 싫어한다.

2008년 꾀꼬리버섯에서 에고스테롤, 에고스테롤 페록사이드, 세레비스테롤 등의 성분이 함유된 것을 알아냈다. 이와 함께 NFKappaB라는 활성억제에 효능이 있는 성분도 함께 밝혀냈다. Robbins 등은 이 버섯의 자실체 추출물에서 항균성분을 발견했다.

먹는 방법

노란 색깔에 은은한 살구향이 나고, 약간 단맛이 있어 진귀하게 쓰여왔다. 날로 먹으면 설사를 하므로 소금물에 삶아서 완전히 익혀 먹어야 하며, 삶은 물은 버리는 것이 좋다. 데쳐서 스파게티 같은 서양요리나 각종 찌개에 넣어 먹으면 일품이다. 프랑스에서는 꾀꼬리버섯을 주재료로 한 여러 가지 요리가 있다. 오랫동안 두고 먹으려면 소금에 절이는 방법이 있으며, 통조림이나 건조품으로도 인기가 있다. 유럽 등에서는 슈퍼마켓에서도 쉽게 찾아볼 수 있다.

꽃송이버섯

민주름버섯목 꽃송이버섯과의 버섯
Sparassis crispa Wulf.ex Fr.

Dr's advice

7~9월 사이에 한국의 산에서 가끔 보이지만, 흔하게 발견되지 않아 귀하게 대접받는 버섯이기도 하다. 더구나 매년 동일한 장소에서 발견되지 않는 것도 이 버섯의 특징이기도 하다. 시각적으로도 아름답게 보이는 이 버섯은 항암과 항균작용에 뛰어나며, 이밖에 알레르기, 기관지 천식에도 효능이 있다. 더구나 우리네 식탁에서도 별미로 사랑받고 있다.

생태와 특징

육질이 좋은 식용버섯으로 가을철 침엽수(소나무, 잣나무, 낙엽송, 너도밤나무, 메밀잣나무) 뿌리근처의 땅 위쪽이나 그루터기 위에서 홀로 자라는 근주심재 갈색 부후성버섯으로 아고산 지대에서 많이 자생한다. 자실체는 흰 꽃 모양으로 크기가 10~25cm이며, 꽃양배추와 비슷하게 생겼다. 전체가 담황색 또는 흰색을 띠며 두께가 1mm정도로 평평하다. 갓의 둘레는 물결모양이고 겉은 백색에서 담황색을 띤다. 이 버섯은 우리나라, 일본, 중국, 북아메리카, 유럽, 오스트레

일리아 등지에 분포한다.

성분

sparassol(항진균 성분)59

1998년 봄, 일본 사이타마현 쿠마가야농업고등학교 후쿠시마선생
에 의해 자실체 인공재배가 성공되면서 본격적으로 재배되었다. 이
버섯은 일본 동경대학 약학대학의 연구결과에 따라 건강보조식품으
로 판매되고 있다.

최근 연구에 따르면 면역력향상과 암을 예방해주는 성분이 베타(1
→3)D 글루칸으로 밝혀졌다. 즉 이 버섯의 성분을 조사하던 중 상상
하지 못할 만큼의 풍부한 베타글루칸이 발견됐던 것이다. 한마디로
브라질에서 생산되는 아가리쿠스버섯 보다 약 3배 이상의 베타글루
칸이 함유되어 있다.

항암효과와 약리작용(임상보고)

일본에서 발간된 단행본 『암을 이기는 신비의 약용버섯, 꽃송이버
섯』에 이런 내용이 적혀있다.

'동물실험에서 100%의 암을 억제했는데, 쥐를 사용한 항암 실험단

계로 진행되었다. 우선 이 버섯의 베타(1→3)추출액을 열수추출액, 냉 알칼리추출액, 열 알칼리추출액 등으로 나눈 다음, 항암효과에 대해 최적투여량을 파악하기 위해 각각의 추출액을 20, 100, 500μg 등으로 나눠서 투여했다.

이때 체중이 30g정도 되는 쥐 30마리(추출액 당 10마리)를 준비해 전체에 Sarcoma 180형의 고형간암을 이식했다. 실험기간은 모두 35일인데, 실험이 시작된 날부터 7, 9, 11일에 3번만 추출액을 투여했다. 그 결과 베타(1→3)는 모든 경우에서 매우 높은 효과가 나타났는데, 이 중에서 눈에 띄는 것은 열 알칼리추출액 100μg 투여군이었다. 결론적으로는 모든 쥐에게서 암이 100% 억제되었다. 한마디로 꽃송이버섯이 항암작용에 뛰어남이 증명된 것이다. 더구나 열수추출액 농도에서 나타난 높은 항암작용은 꽃송이버섯에 대량의 베타(1→3)가 들어있다는 증거이기도 했다. 이런 데이터들을 종합해볼 때 꽃송이버섯이 항암효과 면에서는 최고라고 할 수가 있다. 이 실험결과는 도쿠시마에서 행해진 제119회 일본 약학회에서 발표되어 화제를 모았다.'

노랑싸리버섯

담자균류 민주름버섯목 싸리버섯과에 속하는 버섯
Ramaria flava

Dr's advice

독버섯이지만 항종양 작용이 있어 황금싸리버섯과 똑같은 sarcoma 180과 Ehrlich 복수암 억제율 60%를 보여준다. 특히 이 버섯은 합성 산화 방지제 BHA(butylated hydroxyanisole)와 비슷한 항산화 물질을 함유하고 있다.

분포지역

한국(가야산, 두륜산, 방태산, 다도해해상국립공원), 아시아, 유럽
서식장소 / 자생지

활엽수림이나 침엽수림의 습기 있는 땅과 썩은 나무
크기

자실체 높이 10~20cm, 너비 10~15cm

생태와 특징

여름에서 가을까지 활엽수림이나 침엽수림의 습기 있는 땅과 썩은 나무에 자란다. 싸리버섯처럼 나뭇가지 모양이며 자실체는 높이 10~20㎝, 너비 10~15㎝이다. 자실체 표면은 노란색과 붉은빛을 띠는 황토색이다. 버섯 대는 흰색이며 다 자랐거나 상처가 나면 붉은색이 된다.

밑 부분의 굵은 줄기는 여러 번 잔가지로 갈라지며 잔가지는 다시 2~3개로 짧게 갈라진다. 버섯 살은 잘 부서지며 홀씨는 연한 밤색으로 긴 타원형이고 표면이 밋밋하다.

약용, 식용여부
독버섯으로 식용할 수 없으며, 섭취하면 설사나 구토, 복통을 일으킨다.

항암효과와 약리작용(임상보고)
노랑싸리버섯은 비비면 붉게 변하는 것이 특징인 독버섯이다. 그러나 역시 항종양 작용이 있어 황금싸리버섯과 똑같은 sarcoma 180과 Ehrlich 복수암 억제율 60%를 보여준다. 특히 이 버섯은 합성 산화 방지제 BHA(butylated hydroxyanisole)와 비슷한 항산화 물질을 함유하고 있다. 또 여러 종류의 미구균(微球菌)류와 병원균(病原菌)인 예르시니아 엔테로콜리티카 Yersinia enterocolitica 에 대한 항균 성분을 가지고 있다.

노란다발버섯

주름버섯목 독청버섯과 다발버섯속의 버섯

Hypholoma fasciculare(Huds.) P. Kumm.

분포지역

전세계

서식장소/ 자생지

활엽수, 침엽수의 죽은나무, 그루터기 등

크기

갓 지름 1~5㎝, 자루 길이 2~12㎝

생태와 특징

초봄에서 초겨울에 활엽수, 침엽수의 죽은나무, 그루터기 등에 속생한다. 갓은 지름 1~5㎝로 반구형~둥근산모양에서 호빵형을 거쳐 편평하게 되나 중앙부가 뾰족하다.

갓 표면은 습하고 매끄러우나 담~황색, 중앙부는 등갈색이며 주변부에 내피막 잔편이 거미집모양으로 붙으나 없어진다. 살은 황색이고 쓴맛이 있다. 주름살은 홈파진~올린주름살로 유황색이나 후에 올리브녹색에서 암자갈색으로 되며 밀생한다. 자루는 길이 2~12㎝로 균모와 같은색, 거미집모양의 고리가 있으나 곧 없어진다.

약용, 식용여부

아시아와 유럽에서 버섯중독 사망한 예가 있는 맹독버섯이다. 항종양, 항균, 혈당저하 작용이 있다.

노란띠끈적버섯(노란띠버섯)

끈적버섯과
Cortinarius caperatus(Pers.) Fr.

분포지역

한국(한라산)등 북반구 일대

서식장소/ 자생지

숲속의 땅

크기

버섯갓 지름 4~15cm, 버섯대 굵기 7~25mm, 길이 6~15cm

생태와 특징

가을에 숲속의 땅에 단생 또는 군생한다. 자실체는 반구형~난형이었다가 편평하게 된다. 자실체크기는 4~15cm이고, 표면은 황토색~자주색이나 백색~자주색 비단 광택이 있는 섬유로 덮였다가 없어지고 방사상의 주름을 나타낸다. 자실층은 백색에서 녹슨 색이며 바른~올린~끝붙은 주름살이다. 대길이 6~15cm이고 속은 차 있고 섬유상인데 균모보다 담색이며 위에 백색의 막질 턱받이가 있고 내피막은 불완전하고 없어진다.

포자는 아몬드형이며 가는 사마귀로 덮여있고, 크기는 11.5~15.5x6.5~8㎛이다.

약용, 식용여부

식용약용이다.

노루궁뎅이

민주름버섯목 산호침버섯과 산호침버섯속
Hericium erinaceus (Bull.) Pers.

Dr's advice

노루궁뎅이 버섯은 강한 항암제로 위암, 식도암, 장암, 분문암 등을 다스리며, 이
밖에 자양강장, 소화불량, 허약체질, 위궤양, 신경쇠약, 치매 등을 비롯해 뇌 호
르몬을 촉진시켜 머리를 총명하게 해준다. 더구나 면역과민반응을 제어해주는
호메오스타시스의 증강으로 알레르기질환, 아토피성피부염에도 반응이 좋다.
노루궁뎅이 버섯은 맛이 뛰어난 식용버섯으로 삶을 때 소금을 약간 넣어 충분
하게 데친 다음 초장과 곁들여 먹으면 된다. 서양 사람들은 우리와 달리 버터에
볶아 먹어도 맛이 일품이다. 현재 톱밥재배 등 다양한 방법의 인공재배로 노루
궁뎅이 버섯은 대량으로 생산되고 있다.

분포지역

한국, 북반구 온대 이북

서식장소/ 자생지

활엽수의 줄기

크기

지름 5~20cm

생태와 특징

이 버섯은 여름에서 가을까지 활엽수의 줄기에서 발생해 부생생활을 한다. 버섯의 지름은 5~20㎝정도로 모양이 반구형으로 윗면에는 짧은 털이 빽빽하고, 전면에는 길이 1~5㎝의 많은 침이 고슴도치처럼 돋아 있다. 처음엔 백색인데, 자라면서 황색 또는 연한황색으로 변한다. 조직이 백색으로 스펀지 모양이고 자실층은 침의 표면에 있다. 포자문은 백색이고 유구형의 모양이다.

약용, 식용여부

식용버섯과 항암버섯으로 사용되고 있으며, 농가에서 재배하기도 한다.

성분

일본학계의 최근 발표에서 버섯에 들어 있는 헤리세논과 에리나신류의 성분은 뇌세포 활성화와 치매에 효능이 있다. ß-D-글루칸류 성분은 강력한 항암 효과가 있다. 또 활성산소제거와 면역력향상으로 다양한 질병예방과 치유에 큰 역할을 한다. 만글루코키실칸(73.0%)과 갈락토실 글루칸(75.9%)은 이 버섯에만 함유되어 있는 특이한 활성다당체로 항종양 억제율이 다른 버섯보다 훨씬 높다.

다른 성분으로는 미량의 금속원소 11종과 게르마늄 등을 비롯해 HeLa 세포증식 억제성분까지 함유되어 있다. 버섯의 맛이 달고 성질이 평해서 오장과 소화기관을 관장한다.

따라서 항종양, 항염, 항균 등을 비롯해 소화촉진, 위벽보호와 기능증강, 궤양 등에 작용하기 때문에 식도암, 분문암, 위암, 장암, 위궤양, 십이지장궤양, 만성위염, 만성위축성위염 등에 효과가 있다. 이밖에 소화불량, 신경쇠약, 신체허약 등을 제어한다.

한의학적 효능

1978년에 출판된 〈중국 약용진균〉이라는 책에서는 '소화불량, 위궤양, 신경쇠약, 신체허약에 효과가 있는 약용 및 식용버섯'이라고 극찬하고 있다.

노루궁뎅이버섯에 들어있는 성분에 관해서 일본 학계의 최근 발표를 보면 헤리세논과 에리나신류는 뇌세포 활성화, 치매에 효험이 있고, ß-D-글루칸류는 강력한 항암효과를 발휘하며, 활성산소를 신속히 제거하고 체내의 면역력을 대폭 높여준다고 한다.

특히 중국 전통의학에서는 소화촉진과 위궤양치료 등에 노루궁뎅이 버섯을 사용하고 있다. 또 강장효과로 신경쇠약증과 전신쇠약에 효능이 있다고 전한다. 1990년 아시안게임 때 다양한 노루궁뎅이속 버섯들의 균사체를 달여 Houtou로 명명해 운동선수들의 음료수로 제공했다. 또 아메리카 인디언들은 노루궁뎅이 버섯을 말려 가루로 만들어 상처의 지혈제로 사용했다.

항암효과와 약리작용(임상보고)

노루궁뎅이버섯의 헤테로 ß-D-글루칸(글리칸, 다당류)의 함유량은 34.4g/100g으로 아가리쿠스버섯(10.4g)의 3배 이상이다. 이 성

분은 인체의 면역기능을 활성화시켜 암세포증식을 억제해준다. 이
것은 쥐의 실험을 통해 항암효과가 증명되었다.

이 버섯에 함유된 화학성분은 항종양 다당체 5종(heteroxyloglucan,
galactoxyloglucan, glucoxylan-protein, glucoxylan, xylan)과
HeLa세포증식억제 활성 성분인 erinacine A, B, 신경성장 인자유
도 합성촉진 성분인 erinacine C, D, E, F, G, H 등이다. 이것은 쥐
의 실험을 통해 항종양(sarcoma 180/쥐 실험), 항염, 항균, HeLa세
포증식 억제, 소화촉진, 위벽보호 및 기능증강, 궤양치료촉진, 면역
증강 등이 나타났다.

먹는 방법

※ 노루궁뎅이버섯 일일 권장량은 건조버섯 기준으로 3g이상이다.
민간처방에서 소화불량일 때 말린 노루궁뎅이 버섯 60g을 물에 달
여 1일 2회 복용한다. 신경쇠약 또는 신체허약자는 말린 노루궁뎅이
버섯 150g을 닭 뱃속에 넣어 달인 다음 1일 1~2회 복용한다. 위궤양
일 때는 말린 노루궁뎅이 버섯 30g을 물에 달인 다음 1일 2회 복용
한다.

생버섯

결대로 잘게 찢어 요리에 사용한다. 결대로 잘게 찢어 햇볕에 2~3일
정도 말린 후 보리차 등을 끓일 때 함께 넣고 끓여 수시로 마신다.

생버섯 30~50g정도를 믹서기에 갈아 생즙으로 마신다. 기호에 따
라 요구르트나 꿀 등을 함께 넣고 갈아 마신다.

건조버섯

말린 것을 150g을 닭과 삶아 달여서 1일 1~2회 복용하면, 신경쇠약
이나 신체허약에 좋다.

말린 것 30g을 달여서 1일 2회 복용하면 위궤양에 좋다.

노란조개버섯

담자균류 민주름버섯목 구멍버섯과의 버섯
Gloephyllum sepiarium

분포지역

북한, 일본, 중국, 필리핀, 유럽, 북아메리카, 오스트레일리아

서식장소 / 자생지

여러 가지 침엽수의 잎

크기

버섯 갓 1~5×2~15×0.3~1cm, 버섯 대 굵기 1~2.5cm, 길이 5~7cm

생태와 특징

일 년 내내 여러 가지 침엽수의 잎에 자란다. 자실체는 버섯 대가 없고 반배착하며 가죽질 또는 코르크질이다. 갓 표면은 선명한 누런빛을 띤 붉은색, 녹슨 색 또는 검은색으로 원형 무늬와 빗살 모양의 주름이 있고 거친 털로 덮여 있다. 갓 가장자리는 날카롭고 진흙색이다. 살은 진흙 색 또는 검은 밤색으로 코르크질이며 두께는 2~6mm이다. 주름살은 간격이 0.5~1mm로서 빗살 모양을 하고 있으며 주름살의 높이는 2~10mm이다. 다 자라면 주름살이 찢어지고 엷게 흐린 색 또는 연한 재색의 막이 얇게 덮여 있다. 주머니모양체는 실북 모양이며 홀씨는 8~10.5×3~4μm이고 원통 모양으로 밋밋하며 무색이다. 갈색부후균으로 밤색 부패를 일으킨다.

약용, 식용여부

약용으로 사용할 수 있다.

노루버섯

주름버섯목 닭알독버섯과의 버섯
Pluteus cervinus (Schaeff.) P. Kumm.

분포지역

북한(묘향산, 평성시), 일본, 중국, 유럽, 북아메리카, 오스트레일리아

서식장소 / 자생지

활엽수림 또는 혼합림 속의 땅이나 썩은 나무

크기

갓 지름 5~9㎝, 대 지름 0.4~1.2㎝, 길이 5~10㎝

생태와 특징

봄에서 가을까지 활엽수림 또는 혼합림 속의 땅이나 썩은 나무에 여기저기 흩어져 자라거나 한 개씩 자란다. 버섯 갓은 지름 5~9㎝로 처음에 종모양이다가 나중에 넙적한 둥근 산 모양을 거쳐 나중에는 거의 편평해지며 가운데가 약간 봉긋해진다. 갓 표면은 축축하면 약간의 점성을 띠고 잿빛밤색으로 가운데로 갈수록 어두워지며 밋밋한 편이거나 부채 모양의 섬유무늬 또는 작은 비늘로 덮여 있다. 살은 흰색으로 얇으며 불쾌한 맛과 냄새가 난다. 주름살은 끝붙은주름살로 촘촘히고 폭이 넓으며 처음에 흰색이다가 나중에 살구 색으로 변한다.

약용, 식용여부

식용할 수 있다.

항종양 작용이 있다.

느타리버섯

주름버섯목 느타리과의 버섯
Pleurotus ostreatus(Jacq.ex Fr.)Quel.

Dr's advice

느타리는 신경강장제, 콜레스테롤 저하제, 항산화, 항염, 항종양, 항HIV, 항균, 항바이러스 작용이 있다. 느타리는 신경 강장제, 콜레스테롤 저하제로 사용하였다. 적응증으로 요퇴동통, 근육경련, 수족마비에 사용한다.

분포지역

전세계

서식장소 / 자생지

활엽수의 고목

크기

갓 나비 5~15cm

생태와 특징

활엽수의 고목에 군생하며, 특히 늦가을에 많이 발생한다. 갓은 나비 5~15㎝로 반원형 또는 약간 부채꼴이며 가로로 짧은 줄기가 달린다. 표면은 어릴 때는 푸른빛을 띤 검은색이지만 차차 퇴색하여 잿빛에서 흰빛으로 되며 매끄럽고 습기가 있다. 살은 두텁고 탄력이 있으며 흰색이다. 주름은 흰색이고 줄기에 길게 늘어져 달린다. 자루는 길이 1~3㎝, 굵기 1~2.5㎝로 흰색이며 밑부분에 흰색 털이 빽빽이 나 있다. 자루는 옆이나 중심에서 나며 자루가 없는 경우도 있다. 포자는 무색의 원기둥 모양이고 포자무늬는 연분홍색을 띤다. 거의 세계적으로 분포한다.

약용, 식용여부
국거리, 전골감 등으로 쓰거나 삶아서 나물로 먹는 식용버섯이며, 인공 재배도 많이 한다.

성분
화학성분은 유리아미노산 30종, 미량의 금속원소 13종, 게르마늄, 비타민 B1, B2, C, D, 니아신, glycerol, mannitol, glucose, trehalose, cellurose, hemicellurose, chitin, pectin, 향기성분 22종, 살선충 성분 ostreatin 등이다.
위에 열거된 것 외에도 비타민 B6, B7가 말린 느타리균사체에 함유되어 있고, 단백질은 동물성단백질과 맞먹을 정도로 질이 높다고 했다.
특히 느타리에 함유된 구리와 아연은 다른 재배 버섯보다 함량이 더 많다. 이밖에 단백질 27%, 함수탄소 38%, 지방은 단지 1%이고, 느타리 100g당 12mg의 비타민 C와 높은 포타슘과 철분도 들어 있다.
하지만 무엇보다 중요한 것은 항종양 성분인 beta-D-glicans, heteroglycans, polysaccharide protein 등이 함유된 사실이다.

한의학적 효능

중국 전통 의학에서는 관절과 근육의 이완제로 사용하여 서근산의 원료로 느타리의 담포자체(포자를 달고 있는 영양체)를 가루로 만들어 섞는다고 한다. 느타리는 항균작용과 항바이러스작용도 가지고 있다.

항암효과와 약리작용(임상보고)

Zusman 등이 1997년 발견한 바에 따르면 느타리는 대장암 치료에도 도움이 된다고 한다. 느타리는 목질소(lignins)를 분해하여 식이섬유를 78%까지 잘 소화 흡수할 수 있게 해준다고 한다. 또 느타리는 양송이와 마찬가지로 방향화 효소의 작용을 억제하여 호르몬에 민감한 암을 치료 하는 데에도 효과가 있을 것이라고 한다. 그밖에도 직장암 백혈병에도 효력이 있다고 한다. 그러나 느타리는 콜레스테롤 저하제, 신경 강화제로 시중에서 구입할 수 있으나 아직 항종양, 항바이러스, 항균제로 구입할 수는 없다.

느타리버섯은 비타민D의 모체인 에르고스테롤을 다량 함유하고 있어 고혈압·동맥경화의 예방 및 치료 효과가 뛰어나다. 또한 항암

치료에도 효과가 있다고 보고된 바
있다.

느타리버섯을 정제한 진액은 여러
가지 효능을 발휘한다. 임상실험에
서 암환자에 진액을 투여한 결과 유
방암에 가장 효과가 좋았으며, 뒤를
이어 폐암·간암의 순으로 효능이

나타났다고 한다. 그리고 암환자에게서 나타나는 탈모·구토·설
사·식욕부진 등의 부작용에도 효과가 있다는 사실이 밝혀졌다. 면
역력이 저하된 환자들의 환자식으로 느타리버섯은 매우 유용하다.
담포자체 렉틴의 물 추출물은 sarcoma 180에 88%의 억제율이 나
타났고, 간암 H-22에는 75.4%의 억제율을 기록했다. 특히 항종양
성분인 HA beta-glucan은 몸무게 1kg당 0.1mg으로 뚜렷한 항종양
작용을 엿볼 수가 있었다. lovastatin은 고지혈증치료제로 잘 알려
진 성분으로 이 역시 항염작용에 효능이 있다.
이 버섯의 균사세포벽의 chitin은 인체의 소화기관에서 chitosan으
로 변하는데, 담즙산염을 도와 지방흡수에 큰 영향을 미친다. 또 H.
Wang과 T.B. Ng는 느타리버섯에서 유비퀴틴과 흡사한 신종 단백
질을 추출했다. 이 추출물은 항 HIV작용에 효력이 있어 HIV치료에
사용될 가능성이 높다.

먹는 방법
요통, 손발저림 등
느타리 9g을 황주와 함께 넣고 끓여 1일 2회 복용한다.

느티만가닥버섯

송이과 느티만가닥버섯속의 버섯
Elm Oyster. Hypsizygus tessulatus(Bulliard: Fr.

Dr's advice

이 버섯은 항암, 항산화, 항진균, 항알레르기 등에 작용하며, 이외에 면역 세포
의 활성화와 질병을 예방해준다.

생태와 특징

가을철에 말라 죽은 활엽수 또는 그루터기에서 군으로 무리지어 자
생한다. 갓 지름은 5~15cm이고 둥근 단추모양이나 반구모양으로 자
라다가 성숙해지면서 평평하게 퍼진다. 초기 갓은 짙은 크림색이었
다가 자라면서 점차적으로 색이 옅어진다. 건조해지면서 갓의 표면
이 거북등처럼 갈라진다. 한국, 동남아시아, 유럽, 북아메리카 등지
에서 자생한다.

법제(채취)방법

식용버섯으로 흰색의 조직이 연하면서 담백하기 때문에 동양인에
선호한다. 육질은 두껍고 치밀하지만, 이외로 부드럽고 쉽게 부서진

다. 콜레스테롤의 배설시켜 도와주고 간에서 콜레스테롤의 합성을 억제시켜 준다. 또 지방을 줄여주는 다당단백질이 들어 있어 다이어트에 최고이다. 섭취할 때는 식초에 담가 먹고 요리는 볶음이나 전, 튀김이나 전골 등에 사용하면 된다.

성분

느티만가닥버섯 100g 가운데 단백질 3.5g, 지방질 0.5g, 탄수화물 4.0g, 섬유 0.8g, 회분 0.8g, 칼슘 1mg, 인 160mg, 철 0.6mg, 칼륨 330mg, 비타민 B1 19mg, B2 0.38mg, niacin 8.8mg 등이 함유되어 있다.

항암효과와 약리작용(임상보고)

이 버섯에서 다양한 종류의 polyhydroxysteroid를 추출했는데, 그 중에 cerevisterol, 3 alpha, 5 beta, 9 gamma-trihydroxyergosta-7, 22-dien-6-one 등을 비롯해 5 alpha, 9 alpha 등의 불안정한 epidioxide도 들어 있다. 이밖에 acidic glycosphingolipid와 hypsin 등도 함유되어 있다.

한국약용버섯도감엔 pectin, cellulose, hemicellulose, lignin, saccharide를 비롯해 항종양 성분인 다당류도 함유되어 있다. 즉 약리작용으로 항종양 sarcoma 180/mouse에 대한 억제율이 73.8%로 나타났다. 또한 면역세포 활성화와 질병예방 등에도 효과가 좋다.

최근 일본에서 루이스폐암종을 접종한 쥐에게 느티만가닥버섯을 먹인 결과 100% 종양을 억제하다가 결국 종양자체가 줄어들었다고 한다. 2003년 Motoi는 느티만가닥버섯의 1,3-beta-glucan성분이 sarcoma 180암에 항암작용이 있다는 것을 발견했다. 2006년

Matsuzawa 역시 건조시킨 느티만가닥버섯에서 항산화와 항암작용이 있다는 것을 밝혀냈다.

느티만가닥버섯의 냉수추출물은 백혈병 U937세포증식을 억제한다는 것이 밝혀졌으며, 팽이버섯에서도 나타났다. 2001년 Lam과 Ng는 hypsin이라는 항진균과 항증식 작용을 하고 열에 안정적 내열성이 있는 신종 리보즘 불활성화단백질인 hypsin을 발견했다. 이 성분은 황색포도상구균에 강한 억제작용이 있다. 2007년 Wasser 등은 느티만가닥버섯과 자작나무버섯 등을 비롯해 다른 7종의 버섯들을 섞어 만든 것을 만성 골수성 백혈병, 급성 림프구성 백혈병, 전립선암, 겸상 적혈구 빈혈, 베타 지중해 빈혈 등의 베타 글로빈 질환 치료제로 특허를 받기도 했다. 2009년 Rouhana-Toubi 등은 느티만가닥버섯 초산에틸 추출물이 인체의 난소암 세포를 억제한다는 것을 증명했다.

단색구름버섯

담자균문 균심아강 민주름버섯목 구멍장이버섯과 단색구름버섯속
Cerrena unicolor (Bull.) Murrill

분포지역

한국, 일본, 중국 등 북반구 일대

서식장소/ 자생지

침엽수, 활엽수의 고목 또는 그루터기

크기

갓의 지름은 1~5㎝, 두께는 0.1~0.5㎝

생태와 특징

단색구름버섯 갓의 지름은 1~5㎝, 두께는 0.1~0.5㎝ 정도이며, 반원형으로 얇고 단단한 가죽처럼 질기다. 표면은 회백색 또는 회갈색으로 녹조류가 착생하여 녹색을 띠며, 고리무늬가 있고, 짧은 털로 덮여 있다. 조직은 백색이며, 질긴 가죽질이다. 대는 없고 기주에 부착되어 생활한다. 관공은 0.1㎝ 정도이며, 초기에는 백색이나 차차 회색 또는 회갈색이 되고, 관공구는 미로로 된 치아상이다. 포자문은 백색이고, 포자모양은 타원형이다.

1년 내내 침엽수, 활엽수의 고목 또는 그루터기에 기왓장처럼 겹쳐서 무리지어 발생하며, 부생생활을 한다.

약용, 식용여부

약용으로, 항종양제의 효능이 있다.

버섯에서 처음 항암물질이 발견되었으며, 기관지염과 간염에도 효능이 탁월하다. 한국에서는 구름버섯, 중국에서는 운지버섯이라고 부른다.

약리실험에서는, 항종양 억제율 100%로 항암효과에 탁월하며 만성 간염, 기관지염, 콜레스테롤 저하 등 여러 가지 효능이 들어있어 이미 일본에서는 악성종창치료제로도 쓰이고 있고 또한 구름버섯을 이용한 면역증강제를 만들어 이용되고 있다.

약용버섯으로 쓰이는 구름버섯은 회색빛이 나는 버섯만 쓰이고, 갈색 빛이 나는 구름버섯은 식용불가버섯이니 주의해야한다.

덕다리버섯

담자균류 민주름버섯목 구멍장이버섯과의 버섯
Laetiporus sulphureus

Dr's advice

이 버섯은 항암, 항생항균, 혈당저하 등의 작용과 함께 면역증강, 천연염료, 살
충제로 잘 알려져 있다. 가끔 침엽수에서도 자라는데, 식용하면 위장장애가 나
타나기 때문에 주의해야 한다. 노균이 되면 소화가 잘 안 되고 입술이 트는 등
알레르기반응을 나타난다는 보고도 있다. 특히 유칼립투스(eucalyptus)나무에
돋는 것은 위장장애를 일으키기 때문에 조심해야 한다.

분포지역

한국(오대산, 월출산, 발왕산, 지리산, 한라산), 일본 등 북반구 온대

서식장소 / 자생지

침엽수, 활엽수의 생목 또는 고목의 그루터기

크기

버섯 갓 나비 5~20㎝, 두께 1~2㎝

생태와 특징

버섯 대는 퇴화되어 침엽수나 활엽수의 생목 또는 고목 그루터기 등

에 붙어서 자란다. 버섯 갓은 부채꼴 또는 반원형으로 여러 개가 중첩되면서 30㎝ 내외의 덩어리를 이룬다. 낱개의 갓은 너비가 5~20㎝이고 두께가 1~2㎝이다. 갓의 표면은 오렌지색이고 아래쪽은 노란색이 선명하다. 어릴 때는 육질인데, 살이 엷은 연주황색이고 탄력이 있다. 하지만 건조되면 흰색으로 변하고 쉽게 부서진다. 관공의 길이가 0.1~0.4㎜이고 노란색이다. 홀씨는 5.5~7×4~5㎛로 타원형에 색이 없고 무늬가 흰색을 띤다. 북한에서는 이 버섯을 살조개버섯으로 부른다.

약용, 식용여부

어린 것을 식용으로 하는데, 닭고기 맛이 나기 때문에 외국에서는 '닭고기버섯'으로 부른다. 하지만 생식하면 중독이 되기 때문에 삼가야 한다. 항종양, 항산화, 항균, 지방감소 작용과 함께 자양강장과 질병에 대한 저항력이 있다. 중국에서는 암 치료에도 활용된다.

성분

덕다리버섯내에 함유된 베타글루칸은 암을 억제하고 예방하는데 도움을 주고 소화기능이 떨어지는 사람에게 좋다. 몸에 열을 떨어뜨

려주고, 기를 보호해 주기 때문에 허약체질, 몸이 허한 사람에게도 좋다. 가래있거나 폐결핵, 감기에 걸렸을 때도 좋으며, B형간염, 중풍에도 효과적이다. 혈당량을 낮추고 인슐린을 분비하게 하여 당뇨병에도 좋다. 그 밖에도 덕다리버섯에는 26종의 휘발성 방향물질이 들어 있고 노란색 천연염료로 사용하기도 하며, 이 버섯을 태워 모기와 흑파리를 쫓는 살충제로도 사용한다.

한의학적 효능

이 버섯을 꾸준하게 섭취하면 질병을 예방해 건강증진에 도움이 된다고 전해진다. 전통적인 방법으로 버섯을 말린 다음 가루로 만들어 코담배(snuff)로 사용했다. 중부 유럽의 일부지방에서는 버섯 가루를 밀가루에 섞어 빵을 굽기도 했다. 동부 러시아에서는 민간약으로 자연 항생제와 약한 항균제로 사용했다.

항암효과와 약리작용(임상보고)

항종양, 면역증강, 신체기능조절 작용 등으로 유암, 전립선암, 악창, 하체 무력감 등에 효험이 있다. 1997년 Wunch 등은 버섯의 여과된 액체가 중합 R-478 염료(polymeric R-478 dye)의 68%를 퇴색한다는 것을 알아냈다.

이 버섯의 달임 추출물이 흰 쥐의 실험에서 Ehrlcih 복수암을 억제하는 것으로 나타났다. 따라서 항암 활성성분이 있다는 것이 증명되었다. 영양체인 담포자체에서 생산된 eburicoic 산은 스테로이드합성에 사용할 수가 있다. 혈액 속에서의 응혈작용 효소인 트롬빈(trombin)형성을 44배나 억제한다는 연구 보고와 알파만노시다제(alpha-mannosidase) 활성이 거의 없는 장점이 있다.

특히 이 버섯의 액침배양은 그람양성균과 그람음성균에 대한 광범

위한 항균작용을 했다. 2002년 일본의 Sato 등은 쥐 실험에서 덕다리버섯에 함유된 디하이드로트라메텐놀산(dehydrotrametenolic acid)이 혈당저하 작용을 한다는 것을 밝혀냈다. 2004년 슬로베니아 공화국의 Slane 등은 덕다리버섯이 리파아제(지방분해효소)를 83% 억제하는 것을 알아냈다. 또 덕다리 추출물은 HIV-1에 대한 역전사효소억제제라는 것도 밝혀졌다.

먹는 방법

성인 1일기준 5~7g이며, 복용시에는 따뜻하게 하여 1일 5회 보통 컵(150cc)으로 기상후, 아침, 점심, 저녁, 잠들기 전에 복용한다. 상황버섯, 인삼과 혼용 할 때는 덕다리:상황 또는 인삼 2:1로 한다.

달이는 방법

버섯 한조각(20~30g)을 깨끗하게 씻은 뒤 3cm정도 크기로 자른다. 그리고 물 1L에 넣고 물의 양이 절반이 될 때까지 달인다. 달인 물은 용기에 따라 냉장보관하고 다시 물을 부어 달인다. 5번정도 반복하면 달인 물 2.5L정도가 나온다. 하루에 2~3번 정도 마시면 좋다. 단 너무 오랜기간 복용하면 중독될 수 있다. 독을 제거하기 위해 감초를 같이 넣어 달이기도 한다.

강장보호 덕다리버섯을 물에 넣고 달인 물을 하루 2~3회씩 10일 정도 마신다.

고혈압 덕다리버섯을 깨끗한 물에 우려낸 후 매일 2~3회씩 마신다.

기관지염 덕다리버섯을 우려낸 물을 10일 정도 마신다.

당뇨 덕다리버섯을 물에 넣고 달인 물을 산마가루를 섞어서 한달동안 꾸준히 마신다.

동맥경화 덕다리버섯을 깨끗한 물에 우려내 1주일 정도 마신다.

등갈색미로버섯(띠미로버섯)

민주름버섯목 구멍장이버섯과 미로버섯속
Daedalea dickinsii(Beke.&Cooke) Yasuda

Dr's advice

항균, 항종양, 항 돌연변이, 항산화작용에 효과가 있다.

분포지역
아시아
서식장소/ 자생지
활엽수의 쓰러진 고목
크기
폭 3~7×20cm, 두께 1~2.5cm

생태와 특징
여름과 가을에 활엽수의 고목에서 자라는 한해살이 또는 여러해살이 버섯이다. 버섯 대가 없고 갓은 반원형이며, 매끄러운 표면에는 털이 없고 베이지색에서 담갈색을 띤다. 조직은 담갈색이고 자실층은 관공상이며, 공구는 담갈색이다. 포자의 크기는 3.5~5µm로 무색

의 구형이고 매끄럽다.

항암효과와 약리작용(임상보고)

식용은 하지 않으나, 연구기관에서 임상실험결과 암 종양저지율이 80.1%로 암예방에 상황버섯에 버금갈 정도의 효과가 있다는 결과가 나왔다. 또한 항돌연변이, 항균, 황산화작용이 있다.

먹는 방법

식용으로 사용하지 않고 약용으로 사용한다. 달여서 물로 마실 수는 있지만, 물맛이 매우 쓰다.

삼색도장버섯

담자균류 민주름버섯목 구멍장이버섯과의 버섯
Daedaleopsis tricolor

Dr's advice

항종양, 항균작용이 있으며, 면역체계의 활성화와 항암작용을 하는 성분이 있다는 연구논문이 있다. 한 제약회사에서 생쥐에게 종양을 이식한 뒤 27종의 버섯에서 추출물을 주사해 검사한 결과 삼색도장버섯은 약 70%의 종양 저지효과가 있었다고 한다.

분포지역

한국 · 아시아 · 유럽 · 미국

서식장소 / 자생지

밤나무 · 벚나무 등의 활엽수 죽은 나무

크기

갓 2~8cm x 1-4cm, 두께 0.5~0.8cm

생태와 특징

북한명은 밤색주름조개버섯이다. 밤나무·벚나무 등의 활엽수 죽은 나무에 무리를 지어 자란다. 버섯 갓은 크기 2~8cm×1~4cm, 두께 0.5~0.8cm로 부채꼴이고 편평하며 여러 개가 기왓장 모양으로 겹쳐서 발생한다. 갓 가장자리는 얇고 표면에는 어두운 자줏빛 갈색, 검은색, 갈색무늬가 나이테처럼 동심원의 고리무늬를 이루며 방사상으로 주름져 있다. 살은 잿빛 흰색이고 가죽질이다. 갓 밑면의 자실층은 완전한 주름을 이루고 처음에는 잿빛 흰색이나 점차 잿빛 갈색에서 검은색으로 된다. 홀씨는 원통모양이며 무색이다. 백색부후균으로 흰색 부패를 일으킨다.

약용, 식용여부
식용할 수 없다.

성분
에르고스테롤, 스티그마스테롤, carboxymethylcellulase 성분이 함유되어 있다.

항종양 작용이 있는데, sarcoma을 쥐에 투여한 결과 억제율이 70.2%, Ehrlich 복수암에 90%의 억제율를 보였다. 또 쥐의 간 조직에서 항 알데히데옥시다제(aldehydeoxydase)과 superoxidedismutase 활성증가 작용도 나타났다. 특히 배양한 삼색도장버섯 균사체의 추출물은 쥐 실험에서 sarcoma 180 암종양을 90%를 억제했다. 2001년 한국의 E. M. Kim 등은 말린 삼색도장버섯 자실체의 20(29)-lupen-3-one성분이 대장균, 고초균, 황색포도상구균, Proteus bulgaris, pseudomonas pyocyanea균에 대해 항균작용이 있다는 것을 밝혀냈다. 더구나 비타민 E(alpha tocopherol)와 비슷한 항산화작용을 보이기도 했다.

먹는 방법
말린 버섯 9g과 물 700mL를 넣고 달여 마신다.

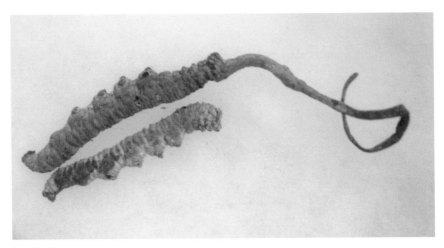

동충하초(번데기동충하초, 붉은동충하초)

자낭균류 맥각균목 동충하초과의 버섯
Cordyceps militaris(Vull.)Fr.

Dr's advice

동충하초의 효능은 뛰어나지만, 그 대신 치명적인 부작용이 있어 복용할 땐 세심한 주의가 있어야 한다. 동충하초가 생기는 과정은 동충하초균이 곤충, 절지동물, 균류, 고등식물 등에 침입해 그것의 영양분으로 자란 다음 포자(기생균)를 날려 보낸다. 이것이 송충이, 나방, 개미, 벌, 딱정벌레, 노린재 등이나 땅속에서 돋는 작은 균핵 덩이에 기생해서 자란다. 전 세계적으로 680여종의 동충하초가 존재하고 한국에서도 80여종이 있다.

분포지역

전세계

서식장소 / 자생지

산림 내의 낙엽, 땅속에 묻힌 인시류의 번데기, 유충 등에서 기생한다.

크기

자실체는 3~6cm의 곤봉형

생태와 특징

동충하초를 일명 번데기버섯이라고도 부르는데, 여름에서 가을 사이에 잡목림의 땅속에 있는 곤충체에서 나타난다. 즉 나비목 곤충번데기에 기생하며, 자실체는 번데기시체의 머리부분에서 나타나고 모양이 곤봉처럼 생겼다. 버섯 대는 둥근기둥 모양에 약간 구부러져 있다. 오렌지색을 띠고 머리 부분은 방추형으로 선명한 주황색을 띤다.

약용, 식용여부
식용할 수 있다.

성분
지방이 약 8%, 탄수화물 약 30%, 조섬유 약 18%, 회분 약 5% 등으로 구성되어 있고 영양분으로는 필수아미노산, 다당체, 비타민 B12, 코디세핀, 코디세핀산 등이 풍부하게 들어 있다.
예로부터 불로장생약으로 알려진 동충하초는 인삼, 녹용 등과 함께 3대 약재로 유명이다. 효능은 폐를 튼튼하게 하고 강장과 항암작용이 매우 뛰어나다.

한의학적 효능
중국 청나라의 본초통신에 '동충하초의 효능은 폐를 보호하고 신장을 튼튼하게 해주며, 출혈을 멈추게 하고 담을 삭이며, 기침을 멎게 하고 가래를 삭인다'고 했다. 이밖에 수면 중의 식은땀, 기력저하로 인한 발기 장애, 허리, 무릎관절의 시큰거림 등에 효과가 좋다. 특히 손질한 오리 속에 균핵동충하초를 넣고 삶은 국물은 감기, 기침, 관절통, 빈혈 등을 완화해 준다. 또 심한 스트레스, 신장과 폐의 양기 결핍으로 나타나는 심신피로, 호흡곤란, 스태미나 상실, 인후

질병 등에 사용했다. 이밖에 음기와 양기를 강화하기 때문에 내분비선 질환으로 나타나는 피로와 신경을 진정시켜준다.

항암효과와 약리작용(임상보고)

동충하초는 독성이 강하다. 동충하초 추출액을 살아있는 쥐의 복강 내에 30~50g을 주사했을 때 모두 죽었다. 하지만 투여 양을 5g으로 줄이자 죽지 않았다. 동충하초의 중독증상으로는 활동이 느려지고 호흡곤란과 경련이 시작되면서 결국 사망에 이른다.

균핵동충하초의 화학성분은 ophiogodein이란 항진균 성분과 ophiocordin이란 항종양 성분을 비롯해 베타 글루칸 등이 함유되어 있다. ophiocordin은 항염, 항진균 작용이 있는데, 동물실험에서 면역력향상과 대식세포의 활성화가 나타났다. 이밖에 항종양 성분인 galactosaminoglycans 3종과 아미노산 등을 함유하고 있다. 또 CO-N, SN-C, CO-1 등의 성분도 들어 있다. CO-N은 물에 잘 녹지 않는 글리칸(glycan)인데, Sarcoma 180에 대한 98.7%의 억제율를 보였다. SN-C는 표고나 운지(구름송편버섯)보다 광범위한 항암작용을 가지고 있다. CO-1은 SN-C에 들어 있는 주요 다당류인데, 구조상 표고의 lentinan 성분과 매우 비슷하고 물에 잘 녹지 않는다. 이 성준은 Sarcoma 180에 대해 강력한 억제율을 나타냈다.

먹는 방법
생수 800cc에 동충하초 40g, 대추 30g을 넣어 강한 불로 달이는데, 물이 끓으면 약한 불로 400cc로 줄어들게 달인다. 달임 물을 다른 용기에 붓고 다시 생수를 넣어 재탕한다.
재탕과 먼저 달인 물을 섞어 유리병에 담아 냉장 보관한 다음 아침저녁으로 1잔씩 마신다. 비타민 C를 가미하면 효능이 더 좋아진다.
이때 위장, 간질환 등의 소화기질환이 있을 때는 식후에 마시고, 기관지 천식, 관절염, 두통 등이 있을 때는 식전에 마신다.

주의사항
신열이 있으면 사용하지 말아야 한다. 최근의 동충하초 제품들은 거의 인공재배된 것으로 제품구입에 함량과 순수성을 꼼꼼히 살펴봐야 한다.

참고
번데기 동충하초(Cordyceps militaris)의 효능은 불로장생, 영양제, 면역기능증강, 만병통치약으로써 호흡기계통질환, 빈혈, 남성 성기능장애, 고혈압 등에 매우 좋다. 또 항암제, 마약중독 해독제, 근육증강, 체력회복, 염증억제, 천연 해충방제제 등이다.

두엄흙물버섯(두엄먹물버섯)

담자균류 주름버섯목 먹물버섯과의 버섯
Coprinus atramentarius

Dr's advice

두엄흙물버섯은 항암성이 강하고 가래기침, 소화불량에도 효과가 있으며, 항염 제로서 피부병, 종기 등일 때 환부에 바르기도 한다.

분포

한국(가야산, 지리산, 한라산) 등 전 세계에 널리 자생하는데, 길가 나 정원, 밭 등에 무리지어 자란다.

생태와 특징

봄부터 가을까지 정원이나 풀밭 등에서 무리지어 자생한다. 버섯 갓 의 지름은 5~8cm이고 달걀모양에서 원뿔모양 또는 종 모양으로 변 해간다. 갓 가운데는 작은 비늘껍질이 덮여 있다가 점차 평편해지면 서 미끌미끌해진다. 표면은 흰색에서 회색 또는 엷은 회색을 띤 갈 색으로 변한다. 가장자리에는 방사상의 홈으로 된 주름이 있다. 주 름은 처음에는 흰 색을 띠다가 점차적으로 자줏빛을 띤 회색에서 검은색으로 변한다. 갓은 액체로 변해 없어지고 마침내 버섯 대만 남는다. 흰색의 버섯 대 길이는 15㎝이고 아래쪽에 자루의 테가 남아 있다. 식용버섯이지만 코프린 성분이 함유되어 있어 술과 함께 섭취하면 중독이 된다. 중독증상으로는 심한두통, 구토, 흉통, 식은땀, 이명, 파행성 오한, 저혈압 등으로 의식을 잃을 수도 있다.

성분
단백질 21%, 지방 5.7% 등을 비롯해 일루딘(illudins), 아미노산인 트립토판(tryptophan)과 이것의 분해로 얻어지는 트립타민(tryptamine)이 포함되어 있다.

한의학적 효능
스웨덴에서는 화상 때 두엄흙물버섯을 바른다. 중국에서는 맛이 달고 성미가 차다고 해 외용 항염제, 즉 피부병, 종기(등창), 아픈 상처에 바른다. 이밖에 소화나 담을 줄이는데 복용한다.

항암효과와 약리작용(임상보고)
sarcoma 180과 Ehrlich 복수암에 대해 100%의 억제율을 나타냈다. 또 높은 함량의 에르고스테롤도 들어 있다. 또 유리아미노산 28종, 미량 금속원소 13종을 비롯해 글리세롤, 글루코스, 트레할로스, 악취성분인 코프린 등이 함유되어 있다. 이에 따라 가래기침, 소화불량, 종기독, 창저에 사용되고 외용으로 환부에 바른다. 효능은 위장을 돕고 화담이기, 소종, 해독 등이다.

갈황색미치광이버섯

담자균류 주름버섯목 끈적버섯과의 버섯
Gymnopilus spectabilis

분포지역

한국(변산반도국립공원, 무등산, 모악산) 등 거의 전세계

서식장소 / 자생지

활엽수 또는 드물게 침엽수의 살아 있는 나무 또는 죽은 나무

크기

갓 지름 5~15cm, 자루 길이 5~15cm, 굵기 0.6~3cm

생태와 특징

여름에서 가을까지 활엽수 또는 드물게 침엽수의 살아 있는 나무 또는 죽은 나무에서 모여서 자란다. 갓은 지름 5~15cm로 처음에 반구 모양이다가 둥근 산 모양으로 변했다가 거의 편평해진다. 갓 표면은 황금색 또는 갈등황색으로 작은 섬유무늬를 나타낸다. 살은 연한 노란색 또는 황토색이며 조직이 촘촘하며 쓴맛이 있다. 주름살은 바른주름살 또는 내린주름살로 노란색에서 밝은 녹이 슨 것 같은 색으로 변한다. 자루는 길이 5~15cm, 굵기 0.6~3cm로 뿌리부분은 부풀어 있고 윗부분에 연한 노란색 막질의 턱받이가 있다. 자루 표면은 갓보다 연한 색인데 섬유 모양이다.

약용, 식용여부

독성이 있으며 신경계통을 자극하여 환각을 일으키는 독버섯이며 목재부후균으로 이용된다.

들주발버섯

자낭균류 주발버섯목 접시버섯과의 버섯
Aleuria aurantia

Dr's advice

들주발버섯에 포함되어 있는 alruriaxanthin이라는 색소는 자연에서 얻을 수 있는 유일한 카로티노이드 색소이며, 산화방지, 항암효과에 탁월한 효능을 가지고 있다고 한다. 따라서 암 발생 예방과 뇌졸중 예방은 물론 노인의 실명을 가져오는 노인성황반변성을 예방해 주기도 한다.

분포지역
한국(변산반도국립공원, 만덕산) 등 전세계
서식장소 / 자생지
진흙질이고 풀이 없는 맨땅, 햇볕이 잘 드는 절개지 땅, 숲 속의 땅
크기
자실체 지름 1~4㎝

생태와 특징

여름에서 가을까지 채취하고 진흙질이고 풀이 없는 맨땅, 햇볕이 잘 드는 절개지 땅, 숲 속의 땅에 뭉쳐서 자라거나 무리를 지어 자란다. 자실체는 지름 1~4cm로 주발 모양 또는 접시 모양이다. 자실체 표면은 주발의 안쪽이 밝은 주홍색이나 주황색이고, 바깥 면이 연한 붉은색이며 흰 가루 같은 털로 덮여 있다. 살은?육질이고 쉽게 부서진다. 홀씨는?16~22×7~10㎛로 타원형이고 표면에 그물눈 같은 조각 모양이 있으며 양끝에 짧은 돌기가 있다.

약용, 식용여부

식용불명이다.

성분

이 버섯에는 푸코스와 결합되는 단백질 렉틴(fucos-binding lectin)이 함유되어 있다. '푸코스는 단당류에 속하는 헥소스 디옥시당으로 화학시약으로 사용된다. 즉 종양검사의 시약으로 사용될 수가 있다. 또한 푸코스는 사람의 혈액형 결정인자의 하나인데, 해조류 세포벽에 함유되어 있기 때문에 일반음식으로는 섭취할 수가 없다. 하지만 모유나 약용버섯에는 풍부하게 들어 있다. 이밖에 지방산, 스테로이드, 4기아민(quaternary amines) 등을 비롯해 낮은 온도에서 녹는 무색결정의 화합물이며, 향료와 시약에 사용되는 인돌유도체도 함유되어 있다. 유리 아미노산 27종, 황색 색소인 베타 카로틴, 감마카로틴, 등색색소인 lycopene, 렉틴성분을 밝혀냈다.

한의학적 효능

유럽에서는 이 들주발버섯을 축산에도 이용하여 이 버섯을 달여서 감기나 그 밖의 질병으로 고생하는 젖소에게 먹였다고 한다.

항암효과와 약리작용(임상보고)

푸코스와 결합하는 단백질 렉틴(fucos-binding lectin)이 들어 있는데, 푸코스는 사람의 혈액형 결정인자 가운데 하나로 해조류 등의 세포벽에 들어 있고 일반 음식물에서는 섭취할 수 없으며 모유나 약용버섯에 흔하다고 한다. 그밖에도 스테로이드, 지방산, 4기아민(quaternary amines), 낮은 온도에서 녹는 무색결정의 화합물로서 향료와 시약에 사용하는 인돌 유도체(indole derivatives)가 들어 있다고 한다. 유리 아미노산 27종, 황색 색소인 베타 카로틴과 감마 카로틴, 등색색소인 lycopene 및 렉틴lectin 성분이 들어 있다고 한다.

먹는 방법

식용버섯이지만 그 크기도 작고 또 그다지 많이 돋지도 않기 때문에 식용가치는 별로 없다. 미국에서는 생식해도 된다하여 그 색깔과 씹는 감촉(식감)을 위하여 샐러드에 넣어 먹기도 한다고 한다. 한국약용버섯도감에는 생식해서는 안 되고 삶아서 우려낸 다음 식용해야 한다고 적고 있다.

떡버섯

민주름버섯목 구멍장이버섯과 떡버섯속
Ischnoderma resinosum(Schrad.) P. Karst.

Dr's advice

맛이 좋은 식용버섯으로 항암과 기침 등에 좋은 약용버섯이기도 하다. 화학 염색공장의 폐수를 정화시키는 버섯으로도 유명하다.

생태와 특징

갓의 모양은 반원형으로 너비가 5~20㎝, 두께가 1~2㎝로 대부분 중첩해서 자란다. 어릴 때는 부드러운 육질이지만 자라면서 코르크질로 변한다. 표면은 달색에서 흑갈색을 띠며, 미세한 털이 돋아 있다. 관공면은 회백색이지만 접촉되면 색상이 짙어지며, 관공이 미세하여 1mm에 4~5개가 나 있다.

봄과 가을에 활엽수 고목에서 자생하며, 북반구에서 대부분 서식한다.

특히 늦가을에 자라며 대형 크기의 버섯으로 콩팥 모양이다. 어릴 때는 가장자리가 흰 갈색을 띠다가 점차 노균으로 변하면서 짙은 갈색이 되고 우단처럼 보인다.

약용, 식용여부
대체적으로 식용불명 또는 식용불가라고 되어 있다.

한의학적 효능
북미 서북부 Dene인디언 부족과 북방림지역의 인디언 부족들은 기침이 날 때 이 버섯을 30분간 물에 달여 1/3컵씩 마신다고 한다.

항암효과와 약리작용(임상보고)
최근 중국의 연구진은 떡버섯이 sarcoma 180 암에 70%, Ehrlich 복수암에 80%의 억제율을 보였다고 한다. 1945년 Robbins는 떡버섯이 황색포도상구균을 억제한다고 밝혔다. 1995년 일본의 Kawagishi 등은 이 떡버섯에서 beta galactosyl-specific lectin 성분을 최초로 분리 추출했다.

먹는 방법
이 버섯은 덕다리버섯 또는 붉은덕다리버섯처럼 천천히 조리하거나, 잘게 썰어 튀기거나 볶으면 된다. 소고기를 가미해 조리하면 다른 재료보다 훨씬 맛이 좋다. 이밖에 버섯을 끓인 다음 간장이나 된장에 버무려 먹어도 좋다.

만가닥버섯 (느티만가닥버섯)

담자균류 주름버섯목 송이과 버섯
Hypsizygus marmoreus (Peck) H.E. Bigelow

Dr's advice

항산화, 항종양, 항통풍, 혈행개선, 피부미백 등의 효능을 비롯해 체내의 콜레스테롤저하와 지방세포의 크기를 축소시켜주는 효과가 있다.

분포지역
한국, 동남아시아, 유럽, 북아메리카 등
서식장소 / 자생지
느릅나무 등의 활엽수 고사목 그루터기
크기
버섯갓 지름 5~15cm

생태와 특징
가을에 느릅나무 등 말라 죽은 활엽수 고목이나 그루터기에서 무리지어 자생한다. 그래서 만가닥버섯으로 부른다. 버섯 갓의 지름은 5~15cm이고 어릴 때 둥근 단추모양 또는 반구 모양으로 자라다가 성숙해지면 펼쳐진다. 어릴 때의 갓 표면은 짙은 크림색이지만, 자라면서 점점 옅어진다. 건조해지면 갓 표면이 거북의 등처럼 갈라진다. 한국, 동남아시아, 유럽, 북아메리카 등지에 분포한다. 북한명은 느릅나무무리버섯이다. 흰색과 갈색종이 있고 재배기간이 길어 붙여진 이름이 '백일송이' 라고도 부른다.

약용, 식용여부

일본에서 인기가 매우 많은 버섯으로 쓴맛이 약간 남아 있지만, 식감이 좋고 부드럽기 때문에 일본에서 인기를 누리고 있다. 더구나 다른 식재료와 궁합이 잘 맞는다.

성분

비타민B1, 비타민B2, 나이아신 성분이 들어있으며, 면역력 증강과 항암작용의 효능이 있다.

식이섬유가 많이 함유되어 있어 비만 예방과 변비 해소에 좋다. 또한, 콜레스테롤 수치를 낮춰주는 성분이 있어 동맥경화에도 효과적이다.

구성성분은 100g당 단백질 2.3g, 지방 0.1g, 탄수화물 8.9g 등이다. 또 무기질로는 칼슘, 인, 철이 들어 있으며, 이 가운데 인의 함량이 많다. 이밖에 수용성 비타민 B1, B2, 나이아신 등이 풍부해 노화방지에 좋다.

항암효과와 약리작용(임상보고)

자실체 열수추출 단백다당체가 육종암(Sarcoma-180) 세포를 73.8% 억제하는 것으로 나타났다. 열수추출물은 안지오텐신전환효소(고혈압 유발효소) 활성을 84%억제했다. 항염과 항아토피가 입증

되었는데, 쥐 유래 면역세포(Raw 264.7)에 처리했을 때 싸이토카인(면역물질)과 일산화질소(NO) 분비가 증가 했다. 아토피피부염 유발 쥐에 느티만가닥 추출물을 투여했을 때 조직 내의 염증세포감소와 면역물질 싸이토카인의 분비를 증가시켰다.

먹는 방법

식용버섯으로 어린 것은 맛과 향이 좋다고 하지만 노균은 그 조직(살)이 다소 질긴 편이다. 조직이 연하고 담백해 깨끗한 물에 씻어서 버섯전골 요리로 이용한다.

조리시 잘 부서지기 때문에 밑동을 잘라 씻어서 볶음, 찌개, 비빔밥, 국, 스파게티 등에 이용한다.

소고기를 드실 때, 만가닥버섯은 식이섬유가 풍부하여, 소고기 섭취로 인한 혈중 콜레스테롤을 없애는 작용을 한다.

말굽버섯

담자균문 균심아강 민주름버섯목 구멍장이버섯과 말굽버섯속
Fomes fomentarius

Dr's advice

항종양 억제율이 80%이고 복수암 억제율이 70%로 나타났다. 해열과 이뇨제로
사용되고 변비, 발열, 감기, 눈병, 복통, 폐결핵 등을 치료한다.

일반적으로 껍질이 단단하여 식용이나 약용으로 사용할 때는 잘게 썰어 달여
차와 같은 형태로 사용하고, 간경변, 발열, 눈병, 복통, 감기, 변비, 폐결핵, 소
아식체, 식도암, 위암, 자궁암 등에 약한다. 해열과 이뇨작용이 있으며, 히포
크라테스도 상처의 뜸을 뜨는 데 이 버섯을 사용하였다는 기록이 있다. 기원전
8,000년 전의 유적에서도 발견되어 현재 가장 오랜 된 버섯 가운데 하나로 알
려져 있다.

분포지역

한국(두륜산, 방태산, 발왕산, 지리산, 한라산) 등 북반구 온대 이북

서식장소 / 자생지

자작나무, 너도밤나무, 단풍나무류와 같은 활엽수의 죽은 나무나 살
아있는 나무

크기

두께 10~20cm, 지름 20~50cm

생태와 특징

북한명은 말발굽버섯이다. 1년 내내 자작나무, 너도밤나무, 단풍나무류와 같은 활엽수의 죽은 나무 또는 살아 있는 나무에 무리를 지어 자라며 여러해살이이다. 버섯 갓은 지름 20~50cm, 두께 10~20cm로 처음에 반원 모양이다가 나중에 종 모양 또는 말굽모양으로 변한다. 작은 것은 갓 지름이 3~5cm밖에 안 되는 것도 있다.

갓 표면은 회색으로 두꺼우며, 단단한 껍질로 덮여 있고, 회황갈색이나 흑갈색 물결무늬 또는 가로로 심한 홈 줄이 나 있다. 갓 가장자리는 둔하고 황갈색이다. 표피는 황갈색이며 질긴 모피처럼 생겼다. 아랫면은 회백색이고, 줄기구멍은 여러 층이고 빽빽한 회색 또는 연한 주황색의 작은 구멍이 있다. 홀씨는 16~18×5~6μm로 타원형이고 흰색 무늬가 있다. 맛은 약간 쓰고 밋밋하다.

본초도감

'분포는 벗나무 등의 활엽수나무 몸통 위에서 자생한다. 중국 전국의 성에서 서식한다. 여름과 가을에 채취해 햇볕에 말려 사용한다. 성분은 다당류, fomentariol, fomantaric acid, saponin 등이 들어 있다. 성미는 맛이 쓰고 떫으며 성질이 평하기 때문에 소적(消積), 화어(化瘀), 항암 등에 효능이 있다. 치료는 소아체증, 위암, 식도암, 자궁암 등을 치료해준다. 사용방법은 말린 말굽버섯 12~15g을 물에 넣어 달여서 마신다.'

약용, 식용여부

식용할 수 있다.

성분

성분 구성은 단백질 15%, 지방질

3.5%, 함수탄소 70% 등이 들어 있다. 영양소는 비타민 D, 포타슘 760mg, 니아신, 구리, 철, 셀레늄, 비타민 B5 등을 비롯해 렉틴, benzotropolones, anhydrofomentariol,fomentaric 산, 포도당 산화 효소, polyporic 산 C, ugulinic acids, 알카로이드, fungisterol, 에고스테롤, 페록사이드 등이 함유되어 있다.

한의학적 효능
중국에서는 소화불량, 활력향상, 울혈제거, 복부종기 제거, 폐를 데워 주고, 천식 등을 치료했다. 일본에서는 깊은 외상지혈에 썼다. 또 차로 달여 기관지염, 감기, 독감, 허약체리개선 등에 사용했다. 인도에서는 완화제, 이뇨제, 신경강장제를 비롯해 외상과 화상에 사용했다.

항암효과와 약리작용(임상보고)
주전 400년경 히포크라테스는 상처에 뜸을 뜨는 데 사용하였고 염증 치료에도 이용하였다. 말굽버섯에 불을 붙여 연기 나는 버섯을 감염된 부위에 발라서 뜸을 떴던 것이다. 유럽 최북단에 있는 라플란드 사람들(Laplanders)도 같은 목적으로 말굽버섯을 사용하였다. 캐나다 중앙부에 살던 크리(Cree) 아메리카 원주민도 말굽버섯을 가루로 만들어 동상 걸린 피부에 말랐다고 한다. 그리고 관절염 치료를 위하여 말굽버섯을 잘라서 피부 위에 올려놓고 태워 뜸을 뜸으로써 통증 있는 부위의 혈액순환을 도왔다고 한다.

유럽에서는 살 속으로 파고드는 발톱을 치료하기 위해 말굽버섯을 발톱과 살 사이에 끼워 넣었다고 한다. 또 민간에서 신장 질환을 치료하기 위하여 말굽버섯을 달여 복용하였다. 그 뿐만 아니라 지혈을 위한 수렴제로, 상처부위나 류마티즘에 뜸용으로, 방광염, 위암, 자궁암, 식도암 치료용으로, 월경통, 치질 치료용으로도 말굽버섯을 사용하였는데 1938년 Killermann이라는 사람은 말굽버섯의 활성 물질이 'fomitin' 성분이라는 것을 보고하였다.

중국에서는 식도암, 위암, 자궁암 치료에 말굽버섯을 사용하고 또 소화 불량과 울혈을 풀기 위해 홍석이(紅石耳)와 함께 달여 복용한다. 말굽버섯의 리그닌(lignin)은 생체내의 단순포진 바이러스를 완전 억제한다. 그외에도 그람양성균 억제, 해열, 이뇨작용이 있다.

먹는 방법

식도암, 위암, 자궁암: 말린 말굽버섯 15-20g을 물에 달여 하루 두 번 복용한다.

달이는 방법

1. 생수 2000CC를 100℃정도로 끓인 다음 60~80℃정도로 식혀서 말굽버섯 50g을 넣어준다.

2. 버섯을 넣고 약한 불(60℃정도를 유지)에서 3시간 정도 우려낸 후 버섯물을 다른 그릇에 담아 식힌다.

3. 한번 달인 버섯을 다시 생수 400CC에 넣어서 약 3000CC정도가 될 때까지 100℃정도의 불로 달인 후, 다른 용기에 담아서 식힌다.

4. 두 번 달인 버섯을 3번과 같은 방법으로 2000CC가 될 때까지 달인다.

5. 첫 번째, 두 번째, 세 번째 달인 물을 혼합하여 식힌 후, 시원한 곳이나 냉장고에 보관하고 음용한다.

섭취방법

1일 5회정도 섭취하며 그 양은 200~250CC정도로 하루에 1000CC정도 섭휘하는 게 좋다. 식사 30분전 공복 및 취침 전후에 마시는게 가장 좋다.말굽버섯액을 음용하는 동안에는 기름진 음식을 삼가고, 몸이 찬 사람은 음용시 따뜻하게, 몸에 열이 많은 사람은 차게해서 마시는게 좋다.

말뚝버섯

담자균류 말뚝버섯과의 버섯
Phallus impudicus L. var. impudicus

Dr's advice

말뚝버섯은 면역 증강, 항염, 항스트레스 작용 외에도 항암작용 가운데서도 특히 여성 생식기관에 생긴 암에 좋다고 한다.

분포지역
한국(소백산, 한라산) 등 전세계
서식장소 / 자생지
임야, 정원, 길가, 대나무 숲
크기
버섯 갓 지름 4~5, 버섯 대 높이 10~15㎝

생태와 특징
여름에서 가을철 사이에 임야, 길가, 대나무 숲 등에서 홀로 자생한다. 버섯 갓의 지름은 4~5㎝이고 종모양이다. 이럴 때는 반지하생의 흰색으로 알 모양이다. 밑 둥에 뿌리와 비슷한 균사다발이 붙어

있고 윗부분이 터지면서 버섯이 돋는다. 버섯 대는 높이가 10~15cm 이고 밑쪽이 굵으며, 윗부분이 가늘어지는 델타모양에 겉이 순백색이다. 갓의 전면에 주름이 생기면서 다각형의 그물모양 돌기가 생기고 암 녹갈색 점액에서는 악취가 풍긴다. 이 점액은 자실 층 조직에서 나온 것인데, 수많은 포자가 있어 파리와 곤충 등을 유인해 포자를 전파시킨다.

동종요법

말뚝버섯의 동종요법조제는 실명과 눈병을 예방해준다. 용량 6㏄를 내복과 눈약으로 사용한다. 1865년 성능시험으로 Kalieniczenko가 24시간동안 달인 우림 물 5-6숟가락을 사용해 입증했다. 중국 전통의약 사용법은 말뚝버섯과 알코올(25%)을 1:2의 비율로 섞어 10일 동안 담가 우려낸다. 매일 20~40방울씩 사용하고, 말린 가루는 9-15g을 1일 3회 사용했다. 또 민간요법에서 류머티즘에 생 말뚝버섯 220g을 오미자술 200㎖에 10일 동안 담갔다가 9-15㎖씩 1일 3회 복용한다고 했다.

약용, 식용여부

알 모양의 어린 버섯은 식용으로 하며, 암 환자의 보조요법에 활용되고 있다.

성분

말뚝버섯의 화학성분은 sterols(Pl-2 glucomannan)과 페놀석탄산(phenol carbolic acids) 등이다. 말뚝버섯에는 에르고스테롤, 다당류, 렉틴 등을 비롯해 식물 성장호르몬인 gibberellin이 함유된 것을 밝혀냈다. 1930년대 초, 독일에서는 이미 말뚝버섯으로 암환자의 자각증상을 완화시켰다는 보고도 있다. 이와 함께 면역력향상, 항염, 항스트레스 작용도 알아냈다. 특히 항암작용 중에서 여성생식 기관에 생긴 암에 효과가 좋다고 했다

Latvia의 연구진들은 25%의 생 말뚝버섯이 들어간 연고를 제조해 악성종양 치료제로 개발했다. 이 연고는 물혹, 자궁섬유양, 유방암, 자궁암, 난소암 등에 효과가 좋았다.

동물실험에서 말뚝버섯 즙은 T세포를 자극해 자연 살상세포를 늘여 준다는 것이 밝혀졌다. 이와 함께 강장작용, 스트레스감소, 항종양 억제율을 보였다. 즉 sarcoma 180에 대한 억제율이 82%, Ehrlich 복수암에 대한 억제율이 68%였다. 또 암에 걸린 쥐에게 말뚝버섯 즙을 투여한 실험에서 예상수명을 훨씬 뛰어넘는 수명 연장율도 있었다. 쥐에게 말뚝버섯 즙을 경구 투여했는데, 선암(腺癌)에 대해 100%의 억제율과 함께 암 예방율이 90%나 되었다. 특히 적혈구를 파괴하는 항암화학요법의 5-FU의 독성을 감소시켰다.

한의학적 효능

말린 말뚝버섯을 가루 또는 고약으로 제조해 팔다리통증, 통풍, 류머티즘 등을 치료했다. 유럽의 민속의학에서는 암, 통풍, 간질 등의 치료제로 사용했다. 독일에서는 성숙된 말뚝버섯과 알형태의 어린 버섯을 채취, 성숙한 것은 으깨어 엄지발가락에 발라 통풍을 치료했고, 어린 버섯은 환자의 과도한 요산을 배출시키기 위해 저미어 기름에 튀겨서 버찌와 함께 먹였다. 이밖에 식품의 방부제 역할을 한다.

항암효과와 약리작용(임상보고)

인도 중부지방에서는 말뚝버섯을 으깨어 물에 띄웠다가 장티푸스로 고생하는 환자에게 먹였다. 하루 네 번씩 한 차술씩 먹이는 것이 표

준 치료법이었다. 또 분만통을 경감하기 위해 말뚝버섯을 사용하였다. Porcher라는 분도 콩팥산통과 관련된 경련과 통증을 완화하기 위한 틴크제에 대하여 언급하였는데, 영국 의사 Dr. W. C. Radley도 틴크제가 옆구리부위의 통증 치료에 강한 효과가 있다고 추천하였다. 중국에서는 이질 치료를 위하여 망태버섯을, 류머티즘 치료를 위해서는 말뚝버섯을 사용하였다.

말뚝버섯에는 에르고스테롤, 다당류, 렉틴 외에도 식물 성장 호르몬 gibberellin이 들어 있다고 한다. 1930년대 초기 독일에서 이미 말뚝버

> **뱀버섯**
> 뱀버섯(Mutinus caninus)에서 그람양성균에 대한 항균작용이 있으며, 이 버섯과 비슷한 Mutinus elegans버섯 역시 5종의 박테리아에 대해 항균작용이 있다는 것이 밝혀졌다.

섯으로 암환자의 자각증상을 완화할 수 있었다는 보고가 있다. 이어서 면역 증강, 항염, 항스트레스 작용이 있다는 것도 발견되었고, 또 항암작용 가운데서도 특히 여성 생식기관에 생긴 암에 좋다고 한다.

먹는 방법
류머티즘 생 말뚝버섯 220g을 50도 백주(또는 오미자주) 200mL에 10일간 담갔다가 9~15mL씩 하루 3회 복용한다.

망태말뚝버섯(망태버섯 개칭, 속 변경)

말뚝버섯과의 버섯
Dictyophora indusiata(Vent.)Fesv.(=Phallus indusiatus)

Dr's advice

망태버섯은 항종양 작용이 있는데, sarcoma 180에 대해 60-77%의 억제율을, Ehrkich 복수암에 대해 70%의 억제율을 나타냈다. 이밖에 항염증, 면역향상, 이질에 좋고 방부작용도 한다. 흰색망태버섯은 식용가능하나 노란망태버섯은 독이 있다. 그러나 일본과 중국에서는 노란망태버섯도 고급요리에 속하며, 중국에서는 노란망태버섯을 '죽손' 이라고 하여, '불도장', '죽생송이스프', '죽생버섯살 스프' 등 고급요리에 활용하고 있다. 복어 요리하듯 전문가가 '노란망사' 를 제거하고 '하얀기둥' 을 씻어서 요리에 사용한다고 한다.

분포지역
한국(소백산, 가야산), 일본, 중국, 유럽, 북아메리카 등 전세계
서식장소 / 자생지
대나무 숲이나 잡목림의 땅
크기
버섯 대 높이 10~20cm, 굵기 2~3cm

생태와 특징

북한명은 분홍망태버섯이다. 여름에서 가을에 사이에 대나무 숲이
나 잡목림 땅에서 흩어져 홀로 자생한다. 생성과정은 처음 땅속에서
지름 3~5cm의 흰색 뱀 알과 비슷한 덩어리가 생기고 밑 등에 가지
처럼 긴 균사다발이 뿌리처럼 붙어 있다. 이것의 위쪽부분이 터져
버섯이 돋는다. 버섯 대는 주머니에서 곧추서는데, 높이가 10~20
cm, 굵기가 2~3cm이며 순백색을 띤다. 속이 빈 버섯 대는 수많은 다
각형의 작은 방으로 구성되어 있다. 버섯의 갓은 주름 잡힌 삿갓 모
양이며, 그 위에 강한 냄새를 풍기는 올리브색 또는 어두운 갈색의
점액질 홀씨가 덮인다. 이 버섯의 특징은 순백색의 망사모양 망태가
퍼져서 밑 등까지 내려오는데, 마치 화려한 레이스를 씌워놓은 듯하
다. 강한 냄새를 풍기는 홀씨를 제거하면 순백색이 되며, 냄새까지
없어진다.

약용, 식용여부

식용이고 중국에서는 건조시킨 것을 죽손으로 불리며, 귀한 식품으
로 애용되고 있다.

항암효과와 약리작용(임상보고)

항종양 작용이 있어 sarcoma 180 60-77% 억제율, Ehrkich 복수암 70% 억제율을 보여주고, 항염증, 면역부활, 방부 작용이 있고 이질에 좋다고 한다. 그리고 복부비만 및 신경쇠약에 효능이 탁월하다고 한다. 또한 버섯 내에 단백질과 불포화지방, 당류, 아미노산, 미네랄 및 섬유질이 함유되어 있어 조폐, 보간, 건뇌, 보신, 명목, 혈압강하, 혈중 콜레스테롤 저하, 지방질 등의 효능이 있다고 한다.

먹는 방법

* 점액질을 깨끗이 씻어낸 다음 말리면 오랫동안 냉동보관 할 수 있으며, 소금물에 절여 약간 삶아 그냥 먹어도 좋다.
* 소금물에 20분정도 담가두었다가 수분을 짜낸 후 끓는 물에 1분정도 데친 후 바로 찬물에 헹구어 낸 후 양념을 하여 식용한다.

말불버섯

담자균문 복균강 말불버섯목 말불버섯과 말불버섯속.
Lycoperdon perlatum Pers.

Dr's advice

미국 인디언들의 종족에 따라 전통으로 상처의 지혈과 염증예방을 위해 말불버섯의 포자가루를 사용했다. 또 미성숙한 부드러운 버섯 속은 눈에 들어간 티 제거에 사용했다. 특히 Blsckfoot 인디언들은 이 버섯을 'kakatoosi'(fallen stars)로 부르면서 미래에 일어날 초자연적 사건을 점쳤다. 또 내출혈과 대출혈에 포자가루로 우려낸 물을 마셨다. 또 Blood 인디언들은 전염성 피부병인 백선과 치질치료에 버섯을 물에 끓여 기름과 섞어 사용했고 코피 날 때도 버섯의 유균을 코에 접촉시켜 출혈을 막았다. 이밖에 그리스에서도 지혈제로 말린 가루를 거미줄과 섞어 사용했다.

분포지역
한국(소백산, 지리산, 한라산) 등 세계 각지
서식장소/자생지
한국(소백산, 지리산, 한라산) 등 세계 각지에 널리 분포한다.
크기
자실체 높이 3~7cm, 지름 2~5cm

생태와 특징

여름에서 가을철 사이에 산야나 길가, 공원 같은 곳에서 자생한다. 자실체 전체의 모양이 서양배를 닮았다. 상반부는 공 모양으로 자라고 높이가 3~7cm, 지름이 2~5cm이다. 어릴 때는 흰색이지만, 자라면서 회갈색으로 변한다. 겉은 끝이 황갈색인 사마귀 돌기가 빼곡하지만, 후에는 떨어지기 쉽고 그물모양의 자국이 생긴다. 어릴 때 속살은 흰색이고 조직은 탄력 있는 스펀지처럼 생겼으며, 내벽 면에 홀씨가 있다. 수분이 증발되면 솜뭉치처럼 변하고 후에는 머리 끝부분에 작은 구멍이 생기면서 홀씨가 먼지처럼 공기 속으로 날아간다. 홀씨는 공 모양이고 연한 갈색을 띠며 작은 돌기가 있다. 어린 것은 식용으로 먹는다.

항암효과와 약리작용(임상보고)

댕구알버섯을 태운 재를 분석하면 인산나트륨 72%, 알루미늄 16%, 마그네슘 3%, 유기규산 0.44% 등을 비롯해 미량의 금도 함유되어 있다. 포자에는 아미노산, 요소, 에고스테롤, 칼바신, 지방질 등이 함유되어 있다. 말불버섯에는 아연, 구리, 납, 철분, 마그네슘 등이 함유되어 있다. 칼바신은 유방암 세포증식을 억제하는데, 쥐의 실험에서 sarcoma 180, 유방암, 백혈병 등을 억제했다.

중국에서는 댕구알버섯 포자로 467명 수술환자 98%까지 지혈시켰다. 또 이 버섯의 분자는 독감과 소아마비 등에 효과가 있었다. 좀말불버섯에도 항종

> **말불버섯**
>
> 유럽의 의사들은 수세기에 걸쳐 말불버섯 포자가루를 지혈제로, 우린 물이나 팅크제는 목이 아플 때 가글로 사용해 왔다. 또 입술이나 잇몸의 출혈 때도 사용했다. 피부궤양과 동상으로 진물이 날 때 바르는 약으로도 즐겨 사용했다.
>
> 캐나다 서북부에 거주하는 Chipewya 인디언들은 말불버섯 포자가루를 기저귀 발진 예방용으로 즐겨 사용했다. 이밖에 여러 종족들도 포자가루를 코피 지혈제, 목 언저리 피부발진, 귓병 등의 치료에 사용해 왔고 탯줄을 지른 다음 발랐다. 특히 동서양을 막론하고 전통요법으로 기름이나 식초에 섞어 염증부위나 출혈 때 발랐다. 중국에서는 꿀과 섞어 목 염증, 기침, 편도선염, 후두염, 월경조절 등에도 즐겨 사용했다.

양 성분이 들어 있는데, sarcoma 180과 Ehrlich 종양에 대해 100%의 억제율을 보였다. 이밖에 항진균성도 나타났다.

먹는 방법

포자가루

포자가루 1~2g을 꿀과 섞어 적절할 때 사용한다. 포자가루를 채취할 때는 반드시 입에 마스크를 착용해야만 한다.

버섯 우린 물 미성숙 말불버섯의 유균을 말린 것 2~6g을 따뜻한 물에 우려 필요에 따라 먹는다.

버섯 달임 물 말린 말불버섯을 헝겊에 싼 다음 불을 붓고 20~30분 동안 달여 사용한다.

만성편도선염 말불버섯 3g, 산수유 9g, 감초 6g을 달인 다음 1일 3회 복용한다.

위출혈 말불버섯 6g을 물에 달여 꿀 또는 설탕을 가미해 1일 2회 복용한다.

먹물버섯

담자균류 주름버섯목 먹물버섯과의 버섯
Coprinus comatus

Dr's advice

먹물버섯은 유럽과 북미는 물론 한국인들도 애용하는 식용버섯이다. 더구나 이 버섯과 비슷하게 생긴 독버섯이 없기 때문에 안전하게 식용했던 것이다. 아무리 단단한 땅이라고 뚫고 자라는 최고의 생명력을 자랑한다. 먹물버섯의 갓이 피기 전에 유균을 채취해 된장찌개나 된장국에 넣어 끓이면 맛과 향이 매우 좋다.

분포지역
한국(지리산, 한라산), 일본, 중국, 시베리아, 북아메리카, 오스트레일리아, 아프리카
서식장소 / 자생지
풀밭, 정원, 밭, 길가
크기
버섯 갓 지름 3~5cm, 높이 5~10cm, 버섯 대 높이 15~25cm, 굵기 8~15mm
생태와 특징
북한명은 비늘먹물버섯이다. 봄부터 가을까지 풀밭, 정원, 밭, 길가

등에 무리를 지어 자란다. 버섯 갓은 지름 3~5㎝, 높이 5~10㎝이
며 원기둥 모양 또는 긴 달걀 모양이다. 성숙한 주름살은 검은색인
데, 버섯갓의 가장자리부터 먹물처럼 녹는다.

약용, 식용여부
어릴 때는 식용할 수 있다.

성분
이 버섯은 향이 좋은데, 이것은 휘발성 향기물질인 3-octanone,
3-octanol, 1-octen-3-ol, 1-octanol, 1-dodecanol, 카프릴산(옥
탄산), 엔 브티르산(n-butyric acid), 이소브티르산(isobutyric
acid) 등이 풍부하기 때문이다. 이밖에 18종류의 약용 또는 식용버
섯보다 1,3 베타글루칸이 풍부하게 함유되어 있다. 박완희 선생은
먹물버섯엔 유리아미노산 30종, 지방산 8종, 미량 금속원소 8종,
다당류 등이 함유되어 있다고 한다.

항암효과와 약리작용(임상보고)
중국사람들은 소화를 돕고 치질 치료에 먹물버섯을 사용한다고 한

다. 항암에도 좋아 sarcoma 180에는 억제율 100%, Ehrlich 복수암에는 90%의 억제율을 보여준다. 또 신선한 먹물버섯에서 추출한 추출물에는 항생물질을 포함하고 있다. 또 먹물버섯 물 추출물(water extract)에는 유방암에 대한 항암 성분이 들어 있다는 것을 발견하였다. 또 먹물버섯에 함유된 알칼라인 단백질(y3)은 위암 세포를 억제하고, 또 에틸 초산염 추출물은 난소암 세포를 억제하는 것으로 나타났다. 항진균 성분도 들어 있어 코프리닌(coprinin)은 자연 항생제로 여러 종류의 균에 대한 항균작용이 있다. 발효과정을 거쳐 얻은 코프리놀(coprinol)은 약물에 내성이 생긴 여러 종류의 그람양성균에 대한 항균작용이 있다. 또 최근에는 당뇨병 환자의 혈당강하작용이 확인되고 있다. 먹물버섯을 말려서 가루로 만들어 쥐에게 먹여 보았더니 혈중 포도당 수치가 내려가는 것을 발견하였다.

또 발효된 먹물버섯도 바나디움(vanadium)이 풍부하여 역시 혈당강하작용이 있다. 코마틴(comatin)은 당뇨병이 있는 쥐 실험에서 혈중 콜레스테롤과 혈지방을 낮추어 주는 것을 발견하였다. 에타놀 추출물에서는 남성호르몬 안드로겐 저지 활성작용을 발견하여 앞으로 남성들의 전립선 확장증이나 전립선 암 치료 또는 예방에 유용하게 사용될 전망이라고 한다. 2005년 4염화탄소와 현미에서 기른 먹물버섯의 추출물을 쥐에게 먹여보았더니 지방질 변성 변질 (lipid degeneration)의 감소를 발견하였고 특정 신체부위의 염증 침윤이 완화됨을 발견하여, 간 보호 작용의 가능성을 보았다.

먹는 방법

당뇨병 먹물버섯을 늘 먹으면 혈당강하를 가져온다.

치질 말린 먹물버섯 30-60g을 물에 달여 1일 2회 복용한다.

목이버섯

담자균류 목이과의 버섯
Auricularia auricula-judae (Bull.)

Dr's advice

목이버섯은 항암, 항종양, 동맥경화, 노화방지, 혈액정화, 자양강장, 지혈, 노인성종기, 고혈압, 치질, 거친 피부, 빈혈, 류머티즘에 의한 동통, 장풍, 혈림, 치창, 수족마비, 산후허약, 혈리, 치질출혈, 대하, 자궁출혈, 구토, 붕루, 안저출혈, 생리불순, 폐 등에 매우 유용하게 쓰인다.

목이버섯은 나무 귀라는 의미인데, 뽕나무, 느릅나무 등의 고목에 무리지어 자라고 온대지역에 분포한다. 중국 요리의 주재료로 많이 사용되고 있다.

목이버섯의 종류는 검은 것과 흰 것이 있는데, 예로부터 중국에서는 불로장생과 강장약 등으로 귀하게 쓰여 왔다. 보통 흰 것이 최상품으로 알려져 있지만, 검은 것에 철분이 무려 10배나 더 많다. 또 비타민 B1은 검은 것이 100g당 0.19mg, 흰 것은 0.12mg이고, B2와 나이아신은 검은 것이 1,000mg, 카로틴은 없다. 하지만 비타민 C는 흰 것이 2mg, 검은 것은 5mg 등이다. 단백질은 흰 것이 4.9g, 검은 것이 7.9g 등 검은 것이 훨씬 성분이 좋다.

분포지역
한국(속리산, 지리산, 한라산), 북한(백두산) 등 전세계
서식장소 / 자생지
활엽수의 죽은 나무

크기

자실체 지름 3~12㎝

생태와 특징

흐르레기라고도 한다. 여름에서 가을까지 활엽수의 죽은 나무에 무리를 지어 자란다. 자실체는 지름 3~12㎝로 서로 달라붙어 불규칙한 덩어리로 되고 비를 맞으면 묵처럼 흐물흐물해진다. 건조하면 수축하여 단단한 연골질로 되고 물을 먹으면 다시 원형으로 된다. 몸전체가 아교질로 반투명하며 울퉁불퉁하게 물결처럼 굽이친 귀 모양을 이루고 있다.

윗면은 자갈색이고 극히 작은 촘촘하며, 아랫면은 밋밋하고 광택이 있으며 자실 층으로 덮여 있다. 담자세포의 돌기는 원뿔형이고 가로막에 의해 4개의 방으로 구분되며 각 방에서 돌기가 나와 그 끝에 1개씩 홀씨가 붙는다. 홀씨는 무색의 신장 모양이다. 홀씨가 형성될 때는 표면에 흰 가루를 뿌린 것처럼 된다.

목재부후균이고 주로 활엽수의 고목에서 발생하는데 특히 뽕나무, 물푸레나무, 닥나무, 느릅나무, 버드나무에서 발생한 것을 5목이라고 하며 품질이 가장 좋다. 표고와 같이 참나무류 원목에 종균을 접종하여 재배하고 있다.

> **동의보감**
> 목이버섯은 성질이 차고 맛이 달며 독이 없다고 한다. 오장을 좋게 하고 장과 위에 독기가 몰린 것을 헤쳐주며 혈열을 내리고 이질과 하혈을 멎게 하며, 기를 보하고 몸이 가벼워지게 한다고 했다.

약용, 식용여부

생산지에서는 생것으로 식용되나 일반적으로 건조품이 이용된다. 중국요리에 널리 쓰이고 있다. 부드럽고 쫄깃쫄깃한 맛과 검은 색깔로 시각적인 면에서 즐길 수 있는 식품이다. 시판되는 건조 상품

에는 목이와 유사종인 털목이가 혼입되어 판매되고 있다.

목이버섯은 씹는 촉감과 맛도 좋지만 무엇보다 식물섬유의 함량이 많아 전체 성분의 50%를 차지한다. 이 식물섬유는 혈중 콜레스테롤을 저하시키고 혈액정화 작용을 해 동맥경화 예방에 탁월한 효능을 갖고 있다. 또한 다른 버섯에 비해 단백질과 인·철분을 많이 함유하고 있어 빈혈 치료에 좋고, 하혈과 대하증을 치료하며 월경을 순조롭게 도와주고, 주름살·잡티·검버섯의 예방에 뛰어나 여성을 위한 버섯이라고 해도 손색이 없다.

특히 목이는 버섯에 끈적끈적한 교질상 물질과 점액 같은 아교질 물질이 있는데 이 속에는 자양강장·노화 방지 작용 성분이 들어 있다. 비타민D 효과를 갖는 '에르고스테롤'이라는 성분도 많다. 또한 식도 및 위장을 씻어내는 특수한 작용을 한다. 외국에서는 몸속에 들어간 털 및 섬유 모양의 이물질을 제거하는 데 효과적이므로 광부 또는 방직공장 근로자들이 애용하고 있다.

의학적으로는 혈액을 적당히 응고시키는 작용이 있어 산모 또는 출혈이 심한 환자에게 이용할 수 있다.

성분

목이버섯 100g당 단백질 10.6g, 지방 0.2g, 함수탄소 65g, 섬유질 7g, 회분 5.8g, 칼슘 375mg, 인 201mg, 철분 185mg, 카로틴 0.03mg 등으로 구성되어 있다. 이밖에도 유리아미노산 21종, 에고스테롤, 지방산 6종, 비타민 B1,B2,D, 니아신 등도 함유되어 있다.(이상 Hobbs, 73; 박완희,622).

또 다양한 종류의 다당류로 활성 헤테로다당류인 글루칸, 산성인 헤테로글리칸, 글리세롤, 마니톨, 유리당, 균당, 셀루로스 헤미셀루로스, 키틴, 펙틴, 리그닌 등이 함유되어 있다. 특히 항종양 성분으로 알려진 베타글루칸, 항염이나 콜레스테롤 강하성분인 글루코녹시로마난도 함유되어 있다.

한의학적 효능

중국 전통의학에서는 털목버섯이가 몸을 가볍게 해주고 힘과 의지를 강화하는 것으로 생각했다. 따라서 정신적 · 신체적 에너지를 위해 먹었다. 또 출혈에 명약으로 생각해 자궁출혈에도 사용했던 것이다. 더구나 폐를 윤택하게 해주고 산후 에너지 보충과 혈액순환의 특효라고 믿었다. 이밖에 수천 년 동안 하혈과 위장강화에도 사용했다.

서양에서도 목이를 우유에 넣어 끓인 것이나, 알코올에 넣어 우려낸 것을 목 염증치료에 사용했다. 이에 따라 1857년 버섯학자인 Berkeley는 목이가 후두치료에 으뜸이라는 기록을 남기기도 했다. 또 식물학자 린네 역시 목이를 눈병의 염증과 협심증에 사용했다고 적었다. 중부 아일랜드에서는 전통적으로 목이를 우유에 넣어 끓여 황달 치료에 사용했고, 스코틀랜드 산악지방에서도 목이 아픈데 사용했다. 독일에서는 말린 목이를 하룻밤 장미수(rose water)에 불린 물을 다래끼나 눈꺼풀 염증에 발랐다. 말린 목이를 식초에 넣어 몇 시간 불린 물을 산후허약증과 경련, 저림과 마비에 사용했다. 특히 불규칙한 자궁출혈 때도 목이를 볶은 후 물을 붓고 부드러워질 때까지 끓인 다음 흑설탕을 가미해 먹었다. 홍콩 민간요법에서는 피를 묽게 해주고 산후 여성의 혈전문제를 줄이기 위해 사용했다.

항암효과와 약리작용(임상보고)

목이버섯의 식물섬유는 장내 노폐물을 배설시켜 변비예방에 그만이다. 최근 들어 항종양작용도 밝혀져 암 예방에 유효한 식품으로 인기를 누리고 있다.

최근에 실험에서 항종양 억제율이 90,8%였고, 복수암에 대한 억제율이 80%로 밝혀졌다. 피를 차갑게 해주고 지혈작용이 있으며, 폐를 튼튼하게 해준다.

이밖에 항종양(항암), 면역강화, 항 궤양, 항 돌연변 등의 작용도 나타났다. 콜레스테롤과 동맥경화의 원인인 트리글리세리드성분도 줄여주고 항 간염과 노화방지에도 효험이 있다. 항고혈압, 심장근육의 리포푸신(지방갈색소)을 낮춰주고 뇌와 간의 SOD작용을 증가시켜 노화방지에 좋다. 특히 1996년 한국의 김동현 등은 위궤양을 일으키는 헬리코박터균을 막아준다는 것을 밝혀냈다.

먹는 방법

노인성종기일 때 말린 목이 10g을 프라이팬에 볶은 다음 가루로 만들어 설탕 5g을 넣고 물로 개어 연고로 제조해 조석으로 환부에 발라주면 효험이 좋다.

산후허약일 때 목이 15g, 흑설탕 15g, 꿀 31g을 함께 섞은 다음 쪄서 익혀서 1일 3회 복용하면 좋다.

백대하 과다 목이를 잘 말려서 고운 가루로 만든 다음 9g을 끓인 물에 섞어 하루 두 번 마신다. 맛을 내기 위하여 꿀이나 설탕 등을 넣어도 좋다.

산후허약 산후의 강장을 위하여 목이 30g을 식초에 담갔다가 5-6g씩 하루 세 번 마신다.

오심구토와 가래과다(反胃多痰) 커다란 목이 7-8개를 물에 달여서 하루 두 번 마신다.

혈변, 자궁출혈, 치핵출혈

목이 15g을 15g 설탕과 함께 물에 넣어 뭉근한 불에 달여 한 번에 한 컵씩 하루 두 번 복용한다. 또 잘 낫지 않는 노인성 치핵을 위해서는 말린 목이를 갈아서 가루로 만들어 물에 섞어 연고를 만든 다음 거즈 위에 발라 치핵 위에 바른다. 노인성 종기에도 말린 목이 가루 10g을 설탕 5g과 함께 물을 조금 섞어 연고를 만든 다음 환부에 아침 저녁으로 바른다.

고혈압, 동맥경화, 안저출혈

목이 3g을 밤새 물에 불린 다음 1-2시간 쪄서 꿀을 섞어 한 컵을 자기 전에 복용한다.

치통 목이와 형개라는 약재를 같은 양씩 배합하여 끓여두었다가 그물로 양치질을 하거나 마시면 더욱 효과가 좋다.

주의사항

피를 묽게 하는 약을 복용하는 사람들은 목이 식용을 삼가야 한다. 또 여성의 경우 목이 요리를 먹은 뒤 월경의 양이 훨씬 많게 늘어나는 것을 경험하게 된다. 또 동물 실험에서 목이는 난자의 착상을 방해하기 때문에 임신 초기의 여성은 목이 섭취를 금하는 것이 좋다.

한국의 약용버섯 항암버섯

무자갈버섯

담자균류 주름버섯목 끈적버섯과의 버섯
Hebeloma crustuliniforme

분포지역
한국(가야산, 한라산) 등 북반구 온대 이북
서식장소 / 자생지
숲 속의 땅 위
크기
버섯 갓 지름 3~8.5cm, 버섯 대 길이 4~10cm

생태와 특징

가을철 숲 속의 땅 위에 자란다. 버섯 갓은 지름 3~8.5cm로 처음에
둥근 산 모양이다가 편평해지며 가운데가 봉긋하다. 갓 표면은 약간
의 점성이 있고 연한 갈색으로 가운데는 적갈색이며 밋밋하다. 갓
가장자리는 안쪽으로 말린다. 살은 두껍고 촘촘하며 흰색이다. 냄새
가 무와 비슷하고 맛은 맵다. 주름살은 홈파진주름살로 촘촘한데,
처음에 흰색이다가 진흙색으로 변하고 나중에는 갈색이 된다. 축축

하면 주름살에서 물방울이 튀어나온다. 버섯 대는 길이 4~10㎝로 기부가 불룩하다. 버섯 대 표면은 흰색으로 윗부분이 흰색 가루 또는 솜털로 덮여 있고 속이 차 있다. 홀씨는 10~13.5×6~7.5㎛로 타원 모양이고 가는 사마귀 점이 있는 것도 있고 없는 것도 있다. 홀씨 무늬는 연한 갈색이다.

약용, 식용여부
독버섯으로 식용할 수 없다.

항암효과와 약리작용(임상보고)
항종양(Sarcoma 180/마우스, 억제율 67.8~84.2%)작용을 담당하는 성분이 함유되어 있다.

먹는 방법
독버섯이기 때문에 용혈로 인한 위장장애가 나타난다.

먼지버섯

담자균류 먼지버섯과의 버섯
Astraeus hygrometricus (Pers.) Morgan

분포지역

한국(가야산, 소백산, 속리산, 지리산, 한라산), 일본, 유럽, 북아메리카

서식장소 / 자생지

등산로의 땅 또는 무너진 낭떠러지

크기

버섯 갓 지름 2~3cm

생태와 특징

여름부터 가을까지 등산로의 땅 또는 무너진 낭떠러지 등에 무리를 지어
자란다. 버섯 갓은 지름이 2~3cm이며 처음에 편평하게 둥근 공모양으로
땅 속에 반 정도 묻혀 있다가 나중에는 두껍고 튼튼한 가죽질의 겉껍질이
위쪽에서 6~8조각으로 터져 바깥쪽으로 뒤집혀 별 모양이 된다. 각 조각
은 건조하면 안쪽으로 말리고 습기를 빨아들이면 바깥쪽으로 뒤집힌다. 겉
껍질의 바깥쪽 면은 흑갈색이고 안쪽 면은 흰색이며 가는 거북등무늬를 이
룬다. 내피는 갈색의 얇은 주머니 모양으로 꼭대기에 구멍이 있어 다 자라
면 갈색 홀씨가 먼지 모양으로 뿜어 나온다.

약용, 식용여부

식용할 수 없다. 면역 활성 작용이 있으며, 한방에서 외상출혈, 기관지염
등에 이용된다.

모래밭버섯

담자균아문 그물버섯목 어리알버섯과 모래밭버섯속의 버섯

Pisolithus arhizus (Scop.) Rausch.

분포지역

전세계

서식장소/ 자생지

소나무 숲, 잡목림, 길가의 땅 위

크기

자실체 지름 3~10㎝,

생태와 특징

표피는 얇으며 백색에서 갈색이 되고, 성숙하면 표피의 윗부분이 붕괴되어 포자를 방출한다. 기본체는 초기에는 불규칙한 모양의 백색~황색~갈색의 작은 입자 덩어리로 구성되어 있으나, 차츰 윗부분에서부터 갈색의 분말상 포자가 된다. 작은 입자 덩어리는 지름 1~3㎜이다. 대는 없거나 짧으며, 기부에는 황갈색의 근상균사속이 있다. 포자는 지름 7.5~9㎛로 구형이며, 표면에는 침 모양의 돌기가 있고, 갈색이다. 봄~가을에 소나무 숲, 잡목림, 길가의 땅 위에 발생하는 균근성 버섯이다.

약용, 식용여부

어린 버섯은 식용하지만, 맛은 별로 없다. 색깔이 곱기 때문에 염색 원료로 사용된다. 혈전용해 작용이 있으며, 지혈, 소염의 효능이 있어 한방에서 기침, 상처치료에 이용된다.

민자주방망이버섯

담자균류 주름버섯목 송이과의 버섯
Lepista nuda

Dr's advice

이 버섯은 항균, 함암, 혈당조절, 신경조직 전도촉진 등의 작용이 있기 때문에 지속적으로 섭취하면 각기병 예방과 치료에 좋다. 단 야생 민자주방망이버섯을 채취할 때 주의해야할 것은 버섯이 자라는 토양이 중금속(납, 구리, 수은)에 대한 오염여부를 잘 살펴봐야 한다. 특히 초보자들은 독버섯인 외대버섯류와 끈적버섯류와의 구별이 어렵기 때문에 조심해야 한다.

분포지역
한국(속리산, 덕유산, 한라산), 북한(백두산) 등 북반구 일대, 오스트레일리아
서식장소 / 자생지
잡목림, 대나무 숲, 풀밭
크기
버섯 갓 지름 6~10cm, 버섯 대 굵기 0.5~1cm, 길이 4~8cm

생태와 특징

북한명은 보라빛무리버섯이다. 가을에 잡목림, 대나무 숲, 풀밭에 무리를 지어 자라며 균륜을 만든다. 버섯 갓은 지름 6~10cm로 처음에 둥근 산 모양이다가 나중에 편평해지며 가장자리가 안쪽으로 감긴다. 버섯 갓 표면은 처음에 자주색이다가 나중에 색이 바라서 탁한 노란색 또는 갈색으로 변한다. 살은 빽빽하며 연한 자주색이다. 주름살은 홈파진주름살 또는 내린주름살로 촘촘하고 자주색이다.

약용, 식용여부

식용할 수 있다.

성분

민자주방망이버섯은 항균, 함암, 혈당조절, 신경조직 전도촉진 작용이 있고 계속 식용하면 각기병 예방과 치료에 좋은 버섯이다. 유리아미노산 28종, 에고스테롤, 미량 금속원소 7종, 비타민 B1, 글리세롤, 아라비톨, 마니톨 외에도 유리당 3종이 들어 있다. 특히 nudic acid A와 B라는 화학성분이 들어 있는데 이 두 성분은 우수한 항균성분으로 그람양성균, 그람 음성균, 대장균, 황색포도상구균, 화농성연쇄상구균, 식중독의 원인이 되는 장염균에 대한 항균작용이 있다.

한의학적 효능

중국에서는 혈당조절과 신경조직 보강제로 이용하고 있다. 그리고 민자주방망이버섯을 경상 식용하면 각기병 예방과 치료에 효험이 있다고 한다.

야생민주방망이버섯

야생 민자주방망이버섯은 토양 가운데 중금속(특히 수은)을 흡수하여 자실체 안에 축적하는 습성이 있기 때문에 채취할 때 오염지역이 아닌지 잘 살펴야한다.

※ 독버섯이 많은 외대버섯류와 끈적버섯류와 혼동하기 쉽기 때문에 조심해야 한다. 특히 끈적버섯류 가운데 자주색이나 푸른색을 띠고 있는 버섯들을 피하는 것이 좋다. 끈적버섯류의 포자 색깔이 녹슨색(적갈색)이고 갓 가장자리에 거미집막(cortina)이 있기 때문에 잘 살펴보면 구별할 수 있다.

중국에서는 이 버섯을 혈당조절과 신경조직 보강에 활용하고 있다. 또한 경상식용하면 각기병의 예방과 치료에 효능이 있다. 이밖에 중금속 흡수 축적 습성을 활용하면 중금속으로 오염된 지역의 토질을 중화시킬 수가 있다.

항암효과와 약리작용(임상보고)

이 버섯은 항암작용이 있기 때문에 sarcoma 180 암에 대해 90%의 억제율과 Ehrlich 복수암에 대해 100%의 억제율을 나타내고 있다. 더구나 혈당대사 정상조절작용이 있기 때문에 저혈당조절 식품으로 사용되고 있다. 또한 신경조직의 전도 촉진작용도 밝혀졌다. 한마디로 혈당대사조절작용과 신경조직 보강작용은 버섯에 풍부한 비타민 B1가 들어 있기 때문이다. 특히 버섯에 들어 있는 다당류는 효모양 진균 칸디다 알비칸스의 증식을 억제해 준다.

먹는 방법

적혈구를 파괴하는 용혈소(溶血素)를 없애기 위하여 잘 익혀먹어야 한다.

목도리방귀버섯

담자균류 방귀버섯과의 버섯
Geastrum triplex (Jungh.) Fisch.

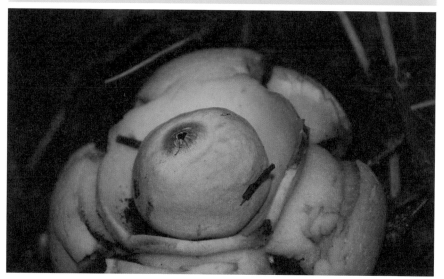

분포지역

한국(속리산, 지리산, 한라산), 일본, 유럽

서식장소 / 자생지 낙엽 속의 땅

크기 지름 3㎝ 정도

생태와 특징

 가을에 낙엽 속의 땅에 무리를 지어 자란다. 공 모양이며 지름 3㎝ 정도의 어린 버섯은 위쪽에 뾰족한 입부리를 가지고 있다. 성숙됨에 따라 겉껍질은 꼭대기에서 기부로 반 정도 찢어져서 불가사리 팔 모양의 5~6개의 조각이 되어 목도리 모양이 된다. 속껍질은 편평한 공 모양인데 막질이고 겉껍질에 싸여 있으며 꼭대기에 1개의 구멍이 있다. 구멍 기부에 원형의 오목한 곳이 있고 속껍질 내부에 기부에서 약 1㎝ 높이로 돌출한 영구성인 기둥축이 있다. 겉껍질은 육질이고 적갈색이며, 속껍질은 회갈색에서 점차 적갈색을 띠게 되고 꼭대기 구멍이 터져 내장된 포자가 탄사(彈絲)와 함께 튀어나온다. 홀씨는 공 모양으로 사마귀점이 있고 연한 갈색이며, 탄사도 같은 색이고 홀씨보다 훨씬 굵다. 목도리 모양을 둘러싸고 있다.

약용, 식용여부

 약용이지만 식용불명이다. 지혈, 해독 효능이 있어, 한방에서는 각종 염증, 외상출혈, 감기기침 등에 이용된다.

붉은그물버섯

담자균문 그물버섯목 그물버섯과 그물버섯속의 버섯
Boletus fraternus Peck. (=Boletus rubellus krombh.)

분포지역

한국. 일본. 중국. 유럽

서식장소/ 자생지

숲속의 땅 위나 잔디밭

크기

갓 지름 4~7cm

생태와 특징

여름부터 가을에 숲속의 땅 위나 잔디밭에 난다. 갓은 지름 4~7cm로 반구
형에서 호빵 형으로 된다. 갓 표면은 매끄럽고 건조하며 적갈색 또는 혈홍
색을 띠고, 표피는 갈라져서 가늘게 갈라지기 쉽다. 살은 황색이며 표피 바
로 아래는 담홍색이나 공기와 접촉하면 잠시 후 청색으로 변한다. 관은 황
색인데, 상처를 입은 부분은 녹색이 된다. 자루는 높이 3~6cm로 황색 바탕
에 붉은 선이 있고 때로는 비뚤어진다. 포자는 타원형, 지름 10~12×5~6
μm이다.

약용, 식용여부

식용과 약용할 수 있다.

방망이싸리버섯

방망이싸리버섯과 방망이싸리버섯속
Clavariadelphus pistillaris

Dr's advice

이 버섯에는 암을 치료해주는 유용한 성분이 함유되어 있어 항암과 항균작용에
유용한 식품이기도 하다.

분포지역

한국(두륜산), 일본 등 북반구 온대 이북

서식장소/자생지

활엽수림 속의 땅 위

크기

자실체 높이 10~30cm, 굵기 1~3cm

생태와 특징

가을철에 활엽수림의 땅 위에서 홀로 또는 무리지어 자생한다. 자실
체의 높이가 10~30cm이고 굵기가 1~3cm로 모양이 흡사 방망이를

닮았다. 자실체의 표면은 노란색 또는 연한 노란색을 띤 갈색이고
세로주름이 거칠게 나 있다. 하지만 다른 것과 마찰이 되는 부분은
자줏빛을 띤 갈색의 얼룩이 된다. 버섯 살은 연한 육질의 흰색이지
만, 흠집이 생기면 이 역시 자줏빛을 띤 갈색으로 변한다. 홀씨는
11~16×6~10㎛로 긴 타원형이고 밋밋하면서 색이 전혀 없다. 식용
할 수가 있으며, 한국(두륜산), 일본 등을 비롯해 북반구의 온대 이
북에서 서식한다.

법제(채취)방법
여름(8월)에서 가을(10월)에 걸쳐 침엽수 밑의 습하고 석회석 토양
위에서 홀로 또는 무리지어 자생하며, 간혹 쓴맛이 난다.

성분
clavaric acid라는 성분이 풍부하게 들어 있다.

항암효과와 약리작용(임상보고)
clavaric acid 성분은 이 버섯에 함유된 트리테르페노이드로 종양
형성과 연관된 파르네실 단백질 전이효소를 저해시켜 준다.

clavaric acid를 쥐에 실험한 결과 종양발생 성장률을 감소시켰는데, 이 성분은 암 치료에 유용한 성분이 될 가능성이 높다. 1998년 Lingham 등은 췌장암, 결장암, 림프암 등의 연구에서 파르네실 단백질 전이효소를 표적으로 삼았다.

1973년 Ohtsuke 등은 두 종류의 방망이싸리버섯에 속하는 버섯으로 항암작용을 연구했다. 즉 sarcoma 180암에 대해 60~90%의 억제율과 Ehrlich 복수암에 대해 60~100%의 억제율이 나타났다.

2006년 Yamac과 Bilgili는 버섯균사체 추출물을 통해 항균작용을 알아냈다. 즉 황색포도상구균과 고초균은 기관지염, 폐렴, 임질, 비뇨계통 감염증 등에 사용되는 항생제 세트리악손과 반응이 비슷했고, 대장균, 쥐티푸스균, 엔테로박터 에어로게네스균 등에는 반응이 약한 것으로 나타났다.

뿔나팔버섯

담자균류 민주름버섯목 꾀꼬리버섯과의 버섯
Craterellus cornucopioides(L)Pers.

Dr's advice

맛이 매우 좋은 식용버섯으로 종양발생억제와 항종양 작용에 효능이 있다. 더구나 상업적 응용이 가능한 다양한 가수분해효소를 생산하기 때문에 오염된 지구를 되살리기에 충분한 버섯이다.

생태와 특징

성분

눈으로 보기엔 색상이 검지만, 보기와는 달리 식감과 맛이 좋다. 특히 건조시킨 버섯에는 단백질이 무려 50%이상 차지하고 있다. 학자에 따라 두 종류로 구분하기도 하지만, 겉으로 보기에 어렵기 때문에 포자색깔로 구분한다. Craterellus cornucopioides는 포자색이 흰색이지만, Craterellus fallax A.H. Smith의 포자색은 분홍색이

다. 두가지 모두 식용할 수 있는 버섯이다.

항암효과와 약리작용(임상보고)

1990년 Grueter 등은 뿔나팔버섯에서 에타놀을 추출해 시험관으로 실험한 결과 돌연변이에 대한 유발방지작용을 밝혀냈다. 이 작용은 열에도 안정적인 내열성을 가지고 있었다. 방지작용물질은 발암성 독소로 알려진 아플라톡신과 콜타르 등에 함유된 발암성 물질 벤조피렌이 종양발생을 억제해주었다. 1973년 Ohtsuka 등이 이미 입증한 것인데, 이같은 항종양 작용은 sarcoma 180암에 대해 억제율이 60%, Ehrlich 복수암에 대해 억제율이 70%였다. 1989년 Magnus 등은 식물 호르몬과 연관된 트립토폴 에스테르성분이 뿔나팔버섯에 풍부하게 들어 있다고 했다.

버들볏짚버섯

진정담자균강 주름버섯목 소똥버섯과 볏짚버섯속,
Agrocybe cylindracea (DC.:Fr.) Maire

Dr's advice

이 버섯은 항종양, 항산화, 항균 등에 작용하며, 목재부후균으로 목재를 분해해
자연으로 되돌려주는 역할을 해준다.

분포지역
한국, 유럽
서식장소/ 자생지
활엽수림의 죽은 줄기나 살아 있는 나무의 썩은 부분
크기
균모의 지름은 5~10cm

생태와 특징
이 버섯은 봄부터 가을에 걸쳐 활엽수림의 고목이나 살아있는 줄기
의 썩은 곳에서 무리지어 부생생활을 한다. 북한에서 부르는 이름은
버들밭버섯인데, 보편적으로 버들송이라고도 한다. 따라서 송이버

섯류로 착각할 수 있지만, 소나무와 공생하는 송이와는 전혀 다르다. 균모는 어릴 때 둥근 산 모양에서 자라면서 편평해진다. 매끈한 표면은 황토색을 띤 갈색(가장자리가 연한 색임)이고 얕은 주름살이 있으며, 살은 백색이다. 주름살은 바른주름살로 밀생하고 자루의 길이가 3~8㎝, 굵기가 0.5~1.2㎝로 섬유상의 줄무늬 선이 있다. 밑둥은 탁한 갈색이고 방추모양으로 부풀어 있으며, 턱받이는 막질로 자루 위쪽에 있다. 껍데기는 섬유상으로 백색이고 아래는 자라면서 칙칙한 갈색으로 변한다. 포자문은 검은 갈색이다.

약용, 식용여부
식용할 수 있다. 항암버섯으로 인공재배가 가능하다.
항암효과와 약리작용(임상보고)
항산화활성, 항암활성 등 약리적 효과가 뛰어나다. 일반적으로 버섯 속에 들어있는 당질은 만니톨·아라비니톨 등 사람의 장에서 흡수 이용되기가 어려운 저분자 당이며 이와 함께 소화되기 어려운 섬유소가 많이 들어 있어 저칼로리 식품이라는 게 공통적인 특징이다. 또 버섯 속의 에르고스테롤은 빛과 열에 의해 비타민D로 변화하며 비타민B·B, 나이아신 외에 미량원소인 칼륨이 상당히 많고 인, 칼슘, 철 등도 함유하고 있다.

먹는 방법
이 버섯의 매력은 자연송이와 같은 향과 아삭아삭한 육질에 있다. 버들송이 요리로는 구이·볶음·각종 국·불고기·잡채 등 다양한데, 버터구이나 소금구이 요리는 버섯 본연의 맛을 느낄 수 있다. 달군 팬에 살짝 볶아 다른 간 없이 그대로 즐겨도 좋다. 이밖에 육질이 부드럽고 볶음이나 찌개 등에 넣어서 활용해도 좋다.

붉은비단그물버섯

그물버섯과의 비단그물버섯속 버섯
Suillus pictus (Peck)A.H.Smith & Thiers

분포지역

한국, 일본, 중국, 북아메리카

서식장소/ 자생지   잣나무 밑의 땅

크기   균모 지름 5~10㎝, 자루 길이 3~8㎝, 굵기 0.8~1㎝

생태와 특징

가을에 잣나무 밑의 땅에 무리지어 나며 공생생활을 한다. 식용할 수가 있
지만 독성분이 있다. 식물과 외생균근을 형성하는 버섯이기 때문에 이용가
능하다. 균모의 지름은 5~10㎝이고, 둥근 산 모양이며 가장자리는 안쪽으
로 말리나 나중에 편평하게 된다. 표면은 끈적거리지 않고 섬유질의 인편
으로 덮여 있으며 적색 또는 적자색에서 갈색으로 된다. 살은 두껍고 크림
색이며 상처를 입으면 연한 붉은색으로 된다. 관공은 내린주름관공으로 황
색 또는 황갈색이며, 구멍은 방사상으로 늘어서 있다. 균모의 아래에 있는
연한 홍색의 내피막은 터져서 턱받이로 되거나 균모의 가장자리에 부착한
다. 황금방망이버섯과 비슷하지만 잣나무 밑에 발생하고 상처를 받으면 적
색으로 변하는 것으로 구분된다. 좀황금비단그물버섯이라고도 한다.

약용, 식용여부

식용버섯이나, 맛도 없고 벌레가 많아 식용으로 적당하지 않다.

혈전용해, 혈당저하작용이 있다.

산느타리버섯

주름버섯목 느타리과의 버섯
Pleurotus pulmonarius (Fr.) Quel.

분포지역

한국, 일본, 유럽 등 북반구 일대

서식장소 / 자생지

활엽수의 죽은 나무 또는 떨어진 나뭇가지

크기

버섯 갓 지름 2~8cm, 버섯 대 길이 0.5~1.5cm, 굵기 4~7mm

생태와 특징

봄부터 가을에 걸쳐 활엽수의 죽은 나무 또는 떨어진 나뭇가지에 무리를 지어 자라거나 한 개씩 자란다. 버섯 갓은 지름 2~8cm로 처음에 둥근 산 모양이다가 나중에 조개껍데기 모양으로 변한다. 버섯 갓 표면은 어릴 때 연한 회색 또는 갈색이다가 자라면서 흰색 또는 연한 노란색으로 변한다. 살은 얇고 밀가루 냄새가 나며 부드러운 맛이 난다. 주름살은 촘촘한 것도 있고 성긴 것도 있으며, 흰색에서 크림색이나 레몬 색으로 변한다. 버섯 대 는 길이 0.5~1.5cm, 굵기 4~7mm이며 버섯 대가 없는 것도 있다.

약용, 식용여부

식용할 수 있다.

항종양, 혈당저하 작용이 있다.

벌동충하초

잠자리동충하초과 벌동충하초속의 버섯
Ophiocordyceps sphecocephala (Klotz.) G. Sung, J. Sung, Hywel-J. & Spat.

Dr's advice

쇠약해진 기운을 돋우고 기침을 멎게 하면서 가래까지 삭여준다. 숨이 가쁘거나 폐결핵으로 인한 기침과 각혈, 수면 중 식은땀, 발기 장애, 허기나 무릎관절이 시큰거릴 때 효과가 좋다. 약한 맥이나 음기가 부족할 때 좋은 약재이다. 하지만 평상 시 몸에 열이 많고 감기기운과 발열증상이 있을 때는 먹지 말아야 한다. 더구나 한꺼번에 많은 섭취도 좋지 않다. 약성이 부드러워 음식재료로도 적합하기 때문에 심각한 부작용은 없다.

분포지역

한국, 일본, 중국, 유럽

서식장소/ 자생지

죽은 벌과 파리의 사체

크기

자실체의 머리는 5×2~3㎜이고 버섯 대의 높이는 약 6cm이다. 홀씨주머니는 250×8㎛이고 홀씨는 8~15×1.5~2.5㎛ 크기이다.

생태와 특징

봄에서 가을까지 죽은 벌과 파리의 사체에서 1개씩 자란다. 자실체의 머리는 짧은 곤봉처럼 생겼고 노란색이다. 버섯 대는 가늘고 구부러져 있으며, 표면은 밋밋하다. 홀씨주머니 껍질주변에는 홈으로 된 그물모양의 조직이 있고 진한 노란색 뚜껑이 달려 있으며, 작은 반점들이 많다. 홀씨주머니 껍질은 움푹 들어가 있고 머리표면과는 각이 져 있으며, 부분적으로 겹친다.

홀씨주머니의 모양은 원통처럼 생겼고 홀씨 8개가 있다. 홀시는 좁은 타원형으로 생겼고 표면에는 색이 없으며, 밋밋하다.

약용, 식용여부

식독불명이다(약용버섯으로 이용)

항암효과와 약리작용(임상보고)

최근 들어 일본의 동북대학과 동북약학대학에서 암에 걸린 마우스(실험 쥐)의 뱃속에 동충하초(벌 동충하초) 추출물을 5일 동안 매일 1번씩 주사(50mg/kg)했는데, 암세포가 24로 현저히 줄어들었다. 결론적으로 동충하초는 암세포증식에 대해 76%정도를 억제했다는 것을 알 수가 있다. 따라서 동충하초는 확실히 항암작용이 있음이 입증되었다.

특히 동충하초에서 추출한 영양 액은 유기체의 면역기능 강화와 제액면역, 세포면역에도 촉진효과가 크다. 더구나 종양이나 바이러스 감염에 대한 저항력까지 향상시켜준다. 이밖에 심혈관계통, 호흡기계통, 신장 기능에도 뚜렷한 효과가 있고 표면항원이 양성반응을 일으키는 보균자에게도 치료효과가 뛰어나다.

또한 동충하초에는 면역기능을 향상시키는 성질도 들어 있다. 면역

기능이 높아지면 당연히 질병에 대한 저항력이 높아 물리칠 수 있고 질병에 대한 회복력도 빨라진다. 특히 체력을 증강시켜 감기, 만성기침, 천식, 폐결핵, 발작, 빈혈, 고혈압, 허약체질, 남성 성적기능장애 등을 치료해준다. 또한 피로회복에도 효과가 으뜸이다.

먹는 방법

동충하초 차

❶. 유리용기에 생수 1500cc를 붓고 말린 동충하초 25g, 씨를 제거한 대추 5개를 넣는다.

❷. ❶을 중불로 1/2(750cc)이 될 때까지 달여 다른 용기에 붓는다.

❸. ❷의 건더기에 다시 생수 1500cc를 붓고 1/2(750cc) 될 때까지 재탕한다.

❹. ❷와 ❸을 혼합(1500cc)해 유리용기에 담아 냉장보관 한다.

❺. ❹는 5일분으로 1일 3회(1회 100cc=커피 1잔) 공복 또는 식후에 약간 데워서 마신다.

동충하초 주

❶. 동충하초를 배지와 분리(배지를 분리하지 않으면 술맛이 텁텁하다)한다.

❷. ❶의 동충하초를 유리병에 넣고 술을 붓는다.

❸ 30일 후에 마시면 된다.

(c) paco barrajón

동충하초 물

❶. 용기에 생수 1500cc를 붓고 동충하초 25g과 대추 5개를 넣는
다.

❷. ❷를 약한 불에 1000cc가 될 때까지 달여 다른 용기에 붓는다.

❸. ❷의 건더기에 다시 생수 1000cc를 붓고 1000cc가 될 때까지
재탕한다.

❹. ❷와 ❸을 혼합(2000cc)해 유리용기에 담아 냉장보관 한다.

❺. ❹는 5일분으로 1일 4회(1회 100cc) 마신다.

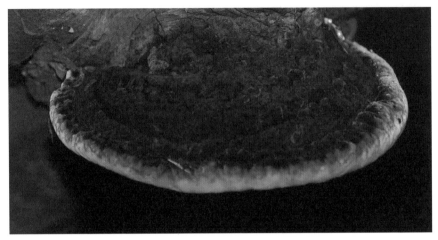

병꽃나무진흙버섯

진정담자균강 민주름버섯목 꽃구름버섯과 꽃구름버섯속
Phellinus lonicericola Parmasto(=Inonotus lonicericola(Parmasto))

Dr's advice

병꽃상황버섯, 목질진흙버섯으로도 불리며 알콜해독 능력이 뛰어나며, 골다공증, 디스트, 관절염, 근육통, 두통 등 뼈와 관계되는 병에 효과가 탁월하다. 함암작용이 있다.

분포지역
한반도(백두대간 및 그 인근)
서식장소/ 자생지
썩은 병꽃나무 줄기
크기
지름 80㎜

생태와 특징
썩은 병꽃나무 줄기에 나는 버섯류로 자실체는 다년생이고 대부분 말굽형이며 지름이 80㎜까지 자란다. 목질이며 매우 단단하다. 표면은 갈색이며, 작은 융모가 나 있거나 반들반들하며, 동심원의 띠 모양을 하며 얇게 갈라진 모양을 한다. 구멍 표면은 갈색이고 가장자리는 뚜렷하고 황갈색을 띤다. 구멍은 mm당 7-10개이며 격벽은 얇다. 균사체계는 일균사형이고 생식균사는 얇거나 두터운 균사벽과 단순격막을 갖는다, 강모체는 두터운 세포벽을 갖는 송곳 모양이다. 담자포자는 타원형에서 준원형이고 부드럽고, 투명하다. 이 종은 Phellinus baumii와 혼동되기 쉬우나 P. baumii는 교목에서 발생하며 좀 더 큰 담자포자를 갖는다. 한반도에 분포한다.

자실체는 다년생이고 대부분 말굽형이며 지름이 80mm까지 자란다. 목질이며 매우 단단하다. 표면은 갈색이며, 작은 융모가 나있거나 반들반들하며, 동심원의 띠 모양을 하며 얇게 갈라진 모양을 한다. 구멍 표면은 갈색이고 가장자리는 뚜렷하고 황갈색을 띤다. 구멍은 mm당 7-10개이며 격벽은 얇다. 사체계는 일균사형이고 생식균사는 얇거나 두터운 균사벽과 단순격막을 갖는다, 강모체는 두터운 세포벽을 갖는 송곳 모양이며, 크기는 30×8μm이다. 담자포자는 타원형에서 준원형이고 부드럽고, 투명하며 크기는 3.5×3μm이다.

약용, 식용여부

약용으로 타박상, 골절치료 및 신장염, 부종에 효과가 있다.

한의학적 효능

개복숭아 상황버섯의 약리작용은 항암효과가 뛰어나고 면역기능을 향진시키며, 자궁출혈 및 대하, 월경불순, 장출혈, 오장기능을 활성화시키고 해독작용을 한다. 이 자연산 상황버섯은 목질진흙버섯이라고도 하며, 산뽕나무나 뽕나무뿐만 아니라, 대부분 활엽수(참나무, 산벚나무, 자작나무, 박달나무, 황철나무, 쥐똥나무, 개복숭아나

무, 개회나무, 접골목, 병꽃나무 등)에서 채취가 되고 드물지만 일부 송상황 즉 침엽수(가문비나무, 전나무 등)에서도 채취되고 있다.

항암효과와 약리작용(임상보고)

먹는 방법

상황버섯 달인 물

❶. 깍두기 크기 정도로 조각내 상황버섯 50g을 흐르는 물에 씻은 후 2000cc 정도의 물을 붓고 1,500cc가 될 때까지 달인다.

❷. 달인 물은 옮겨 놓고 다시 2,000cc정도의 물을 붓고 1,000cc가 될 때까지 재탕한다.

❸. ❷번과 같이 한 번 더 재탕한 후 총 3번의 달인물을 혼합하여 냉장 보관한다.(총 3,500cc)

❹. 약 100cc정도의 양을 하루 3~5회 가급적 공복에 꾸준히 섭취한다.

※상황버섯을 다릴 때는 금속성 용기는 철성분이 화학적 반응 또는 약효를 빨아들여 효과가 줄어들기 때문에 유리, 사기류 등의 비금속성 용기를 사용한다.

상황버섯 주

 재료

상황버섯(건조) 80~100g, 25~35도 소주 1.8~2L

❶. 건조된 상황버섯을 적당한 크기로 잘라 용기에 감초 2~3조각과 함께 넣는다.

❷. 소주를 붓고 밀봉하여 서늘한 곳에 6개월 이상 보관한다.

❸. 하루 3차례 식전 또는 식후에 따뜻하게 데워서 한번에 50~60cc 복용한다. 장복하면 좋다.

복령

민주름버섯목 구멍장이버섯과의 버섯
Wolfiporia extensa (Peck) Ginns

Dr's advice

약한 소화기, 전신부종, 신장염, 방광염, 요도염 등에 효과가 탁월하다. 또 거담 작용이 있기 때문에 많은 가래와 호흡이 곤란한 만성기관지염, 거담, 진해에 다른 관련약물과 배합해 치료하면 된다. 이밖에 건위작용이 있기 때문에 위장의 수분과다로 복부가 팽만해지고 구토가 나타나는 만성위장염에도 쓰인다. 진정 효과가 있기 때문에 신경흥분으로 나타나는 초조불안, 자주 놀람, 입 마름, 식은땀 등일 때 안정제로 사용된다.

분포지역
한국, 중국, 일본, 북아메리카
서식장소 / 자생지
소나무 등의 나무뿌리
크기
균핵의 크기는 10~30cm이고 홀씨는 7.5~9×3~3.5μm이다.

생태와 특징

북한명은 솔뿌리혹버섯이다. 1년 내내 땅속 소나무뿌리나 나무뿌리에 기생한다. 자실체는 전배착생이고 버섯 갓이 없으며, 전체가 흰색이다. 촘촘한 관은 길이가 2~20mm로 구멍은 원형이나 다각형이고 구멍의 가장자리는 톱니 모양과 비슷하다. 무색의 홀씨는 원기둥 모양에 약간 구부러져 있고 한쪽 끝이 뾰족하면서 밋밋하다. 균핵의 모양은 둥글거나 길쭉하면서 덩어리로 형성되어 있다. 버섯 갓의 표면은 적갈색, 담갈색, 흑갈색 등이고 꺼칠꺼칠하다. 가끔 뿌리의 껍질이 터져있는 것도 발견된다. 살은 흰색에서 점차적으로 담홍색으로 변해간다. 흰색은 백복령, 붉은색은 적복령으로 부르며, 복령 속에 소나무뿌리가 꿰뚫고 있으면 복신이라고 부른다.

약용, 식용여부

식용불명이다. 한약재로 사용되면 강장, 이뇨, 진정 등에 효능이 있기 때문에 신장병, 방광염, 요도염 등에 쓰인다.

성분

성분은 균핵에서 β-pachyman이 마른 구계의 93%를 차지하고 나머지는 triterpenes류의 화합물인 pachymic acid, tumulosic acid, 3-β-hydroxylanosta-7, 9(11), 24-trien-21-oil acid가 함유되어 있다. 이밖에 성분은 단백질, 지방, 스테롤, 레시틴, 포도당, 나무진, 키틴질, 아데닌, 히스티진, 콜린, 리파제, 프로테아제, β-pachyman 분해효소 등이다.

한의학적 효능

성미는 맛이 달고 싱거우며 성질이 평해서 방광경, 폐경, 신경, 비경, 심경 등을 관장한다. 따라서 오줌소태, 비보호, 담 제거, 정신안

정 등에 효과가 있다. 약리실험을 통해 혈당량감소, 이뇨, 진정작용 등이 밝혀졌으며, 다당류는 면역부활, 항암 등에 작용한다. 또 체내의 과도한 수분과 습기가 체내로 배출시켜 부종을 다스리고 소화기능을 튼튼하게 하며, 정신신경계통을 안정시켜준다. 담음으로 발생하는 수양성 구토, 가래, 기침 등에도 쓰인다.

항암효과와 약리작용(임상보고)

이뇨, 간 기능회복, 강심제, 강장보호, 강정제, 건망증, 건위, 경련, 고혈압, 구토, 금창, 기미나 주근깨, 냉병, 당뇨병, 두통, 변비, 복통, 부인병, 불면증, 비만증, 소갈증, 심기불녕, 심장병, 심장판막증, 안태, 어혈, 우울증, 위내정수, 위산과다증, 위장염, 유정증, 주비, 중독, 진정, 췌장염, 피로곤비, 피부미용, 해열, 행혈, 허약체질, 현훈증, 소아경풍 등에도 효과가 있다.

여성이 신진대사 이상으로 다리가 붓고 생리가 불순할 때, 산후풍으로

> **동의학 사전**
>
> 북한의 『동의학사전』에서 복령은 비허로 나타나는 부종, 복수, 담음병, 구토, 설사, 배뇨장애, 심계, 건망증, 불면증, 만성소화기질병 등에 사용한다. 특히 백복령은 비를 보하고 담을 삭이는 효능이 뛰어나고 적복령은 습열을 제하고 소변을 잘 나오게 해주며, 복신은 진정작용을 다스린다. 따라서 비허로 나타나는 부종과 담음병에는 백복령, 습열로 나타나는 배뇨장애에는 적복령, 잘 놀라면서 가슴이 두근거림과 불면증, 건망증 등에는 복신을 사용한다. 복령피 역시 배뇨를 쉽게 해주기 때문에 부종에 사용한다. 섭취량은 1일 6~20g을 탕약, 산제, 환약형태로 먹으면 된다.'

맥이 풀리고 어지러울 때, 온몸에 통증이 있을 때, 당뇨병 등에 효능이 탁월하다. 급성장염으로 나타나는 설사, 심신안정, 불면증, 건망증, 어지럼증 등에도 효능이 좋다.

약리작용을 살펴보면, 달인 물은 첫째, 이뇨작용에 효과가 나타나지만, 건강하면 반응이 없다. 둘째, 심험관 내에서는 억균작용이 나타났다. 셋째, 토끼의 장관이완이나 흰쥐의 유문부 결찰로 인한 궤양 형성을 예방해 준다. 넷째, 혈당을 내려준다. 다섯째, 알코올 추출물은 심장수축력을 증가켜 준다. 여섯째, 면역증강에 작용한다. 일곱째, 항종양 작용도 있다.

먹는 방법

사상의학에서는 복령을 소양인의 약재로 사용하고 있다. 즉 소화기능은 튼튼한데, 열이 많아 나타나는 질환치료에는 으뜸 약재이다. 단 기운이 떨어지고 땀이 많이 흘리는 소음인은 다량 복용을 삼가야 한다.

복령은 크기가 일정치 않은 덩어리로 무겁고 쉽게 부서진다. 따라서 약용으로 사용할 때는 껍질을 벗기고 심을 제거한 다음 깨뜨린다. 이 조각을 물에 넣고 골고루 으깨면 물위로 찌꺼기가 떠오른다. 이 것을 제거한 다음 흰 부분만 적당하게 잘라 햇볕에 말려 사용한다.

복령차

❶. 흐르는 물에 복령 20~30g을 씻어 물기를 베거한다.

❷. 용기에 물 2ℓ 를 붓고 1을 넣어 약한 불로 1~3시간 정도 달인다.

❸. ❷를 차갑게 식혀 냉장 보관한 다음 1일 찻잔 2~3잔 마신다.

물에 복령 9~15g을 달여 차로 마신다.

당뇨를 개선할 때는 복령을 마와 함께 달여 꾸준히 복용하면 된다.

부채버섯

담자균류 주름버섯목 송이과의 버섯
Panellus stypticus (Bull.) P. Karst.

분포지역
한국 · 일본 · 중국 · 시베리아 · 유럽 · 북아메리카 · 오스트레일리아
서식장소 / 자생지
활엽수의 썩은 나무나 잘라낸 나무의 그루터기 위
크기
버섯 갓 지름 1~2cm, 버섯 대 2~4×2~4mm

생태와 특징
여름에서 가을에 활엽수의 썩은 나무나 잘라낸 나무의 그루터기 위
에서 무리를 지어 겹쳐서 자란다. 버섯 갓은 지름 1~2cm로 신장 모
양이고 단단하다. 갓 표면은 건조하고 미세한 가루 모양의 비늘 조
각이 생기며 연한 누런 갈색 또는 연한 육계색으로 가죽질이고 질기
다. 버섯 갓 가장자리는 안쪽으로 말리고 물결 모양인 것도 가끔 있
다. 살은 흰색 또는 연한 노란색이며 맛이 쓰다. 버섯 대는 2~4×

2~4mm로 짧고 옆으로 난다. 버섯 대 표면은 버섯갓과 색이 같고 단단하며 속이 차 있다. 홀씨는 3~6×2~3μm로 좁은 원통형이고 밋밋하다.

약용, 식용여부

독성이 있어 식용할 수 없다.

성분

부채버섯에는 eburicoic acid가 들어 있다. 부채버섯의 종명(種名) stipticus가 암시해 주는 대로 유럽 일부 지역에서는 전통적으로 지혈제로 사용하였다고 한다. 일반적으로 부채버섯 자실체를 말려 가루로 만들어 외상출혈일 때 상처에 뿌려주면 효과가 좋다.

항암효과와 약리작용(임상보고)

항균 작용 성분이 있어 대장균, 포도상구균에 대한 항균작용이 있다. 또 사람 혈액형 B와 O의 특정 적혈구 응집 성분이 들어 있다. 또 항종양 작용이 있어서 sarcoma 180에 대한 80% 항종양 억제율과 Ehrlich 복수암 70% 억제율를 보여준다. 그 밖에도 내분기계 질병과 질병에 대한 저항력 조절에 유효하다. 식용하면 독버섯으로 위장장애를 일으킨다.

영지(불로초)

담자균문 구멍장이버섯목 불로초과 불로초속의 버섯
Ganoderma lucidum(Curtis)P.Karst.

Dr's advice

동양에서는 이 버섯이 매우 영령한 약용버섯으로 여겨져 왔기 때문에 불로초, 장수버섯, 천년버섯 등으로 알려지고 있다.
이 버섯은 불로초로 불릴 만큼 실제 항종양에 대한 억제율이 70~80%로 나타났다. 영지버섯은 5가지 맛이 나는 것으로도 유명하다. 특히 산삼에 버금간다고 해서 불로초라고도 불인다.

분포지역

전세계

서식장소 / 자생지

활엽수 뿌리밑동이나 그루터기

크기

버섯 갓 지름 5~15cm, 두께 1~1.5cm, 버섯 대 3~15×1~2cm

생태와 특징

우리나라에서는 잔나비걸상과의 영지(Ganoderma lucidum Karsten) 또는 근연종의 자실체를 영지버섯이라고 한다. 중국에서는 영지를 비롯해 자지(Ganoderma sinense Zhao. Xu et Zhang: 紫芝)를 영지버섯이라고 한다. 일본에서는 공정생약으로 수재되지 않았으며 불로초라고 한다.

여름철에 활엽수의 썩은 뿌리 밑동이나 썩은 그루터기(상수리나무, 졸참나무, 떡갈나무, 굴참나무, 신갈나무, 갈참나무, 살구나무, 복숭아나무의 고목 등)에서 발생해 땅 위로 솟아오른다. 버섯 전체가 옻칠한 것처럼 광택이 있는 1년생이다. 딱딱한 목질의 버섯 갓은 반원모양, 신장모양, 부채모양이고 편평하면서 동심형의 고리모양의 홈이 나 있다. 어릴 때는 누런빛의 흰색이었다가 자라면서 누런 갈색이나 붉은 갈색으로 변하고 늙으면서 밤 갈색이 된다. 종류에 따라 적지(붉은색), 흑지(검은색), 자지(보라색), 녹각영지(사슴뿔), 백지(흰색), 황지(황색), 편목영지(큰 것은 솥뚜껑만한 것도 발견됨), 쓰가영지 등으로 불린다.

약용, 식용여부

약용으로 사용되는 영지는 신체가 허약할 때 기를 향상시켜주고 해수, 천식, 불면, 건망증, 고혈압, 고지혈증, 관상동맥경화증, 간 기능강화 등에 사용된다.

만성기관지염
영지발효액을 1일 2회(1회 25~50㎖ 씩) 1~3개월 동안 마신다. 만성기관지염환자를 대상으로 288례를 치료한 결과 단기치유가 26례(12.5%), 현효가 79례(35.2%), 호전이 95례(40.5%)로 나타났다.

성분

포자에 13종의 아미노산인 arginine, tryptophane, asparic acid, glycine, alanine, threonine, serine 등이 들어 있다. 또 다당류인 항암활성 성분으로 polysacharide계, glucose, xylose, arabinose 등도 들어 있다. 자실체에는 100여 종의 tryterpennoid도 들어 있다.

이밖에 칼슘, 칼륨, 인의 성분이 풍부하게 들어 있어 골다공증, 관

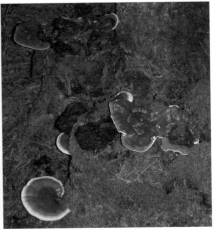

절염예방 및 개선에 효과적이고 불포화지방산은, 고혈압, 동맥경화, 당뇨 등의 성인병예방에 좋다.

한의학적 효능

이 버섯은 보혈제, 정력제, 천식, 기침, 항암작용, 간염 등의 치료에 효과가 좋다. 성미는 맛은 달고 쓰며 성질이 약간 따뜻하다.

항암효과와 약리작용(임상보고)

영지버섯의 대표적인 효능은 항암효과인데, 이것은 베타글루칸성분이 다량 함유되어 있기 때문이다. 이 성분은 체내에 암세포의 성장을 억제하고, 체내의 면역력을 증진시켜주며, 각종 질환으로의 바이러스 및 세균에 대한 저항력을 길러준다.

달임 물 5~10g/kg을 흰 생쥐의 뱃속에 주사했는데, 쥐의 중추신경을 억제해 바르비탈로 수면시간을 늘였으며, 기침이 멎고 가래를 삭여주었다. 마취시킨 토끼나 개의 뱃속에 6g/kg을 주사했는데, 혈압이 내려가고 소변의 양이 늘어났다. 사염화탄소로 간염을 일으킨 흰 쥐에게 알코올 추출물 10g/kg을 8일 동안 주사했는데, 간염증상이 줄어들고 간 기능을 향상시켰고 콜레스테롤의 양도 낮아졌다. 결론적으로 항암활성화가 나타났다.

화학약품, 방사선물질, 장기간 질병으로 인한 백혈구감소증 환자 52명에게 배양균사의 알코올 추출액을 1일 3회 10~20일 동안 먹였는데, 44명에게서 효과가 나타났다.

불로초 추출물을 시험관과 생체 내의 실험결과에 따르면, 진통, 항알레르기, 항히스타민 활성, 천식예방, 항염증, 항균, 항바이러스, 항산화, 항암(항종양), 혈압강하, 혈압조절, 혈당강하, 골수증강, 간콜레스테롤저하, 심장강화, 중추기능억제, 말초 콜린억제 활성, 거담진해, 면역증강, 노화억제, 항 HIV활성, 항 AIDS바이러스, 부신피질기능, 간 해독효과, 항궤양, 백혈구증가, 혈색소증가, 방사선 방지, 이뇨, 양모 등 효능이 헤아릴 수 없이 많다.

> **백혈구 감소증**
> 인공적으로 배양한 영지로 백혈구감소증 한자를 대상으로 52례를 치료한 결과 효과가 현저한 것이(백혈구 총수가 2000/mm3 이상 증가) 11례, 약간 좋아진 것이(백혈구 총수가 1000~2000/mm3 증가) 12례, 호전된 것이(백혈구 총수가 500~1000/mm3 증가) 21례로 단기간 유효율이 84.6%였다.(백혈구 총수가 평균 1028/mm3 증가되었다)

먹는 방법

1일 성인 섭취량은 약 5g인데, 달인 물 100cc를 1일 3회 나눠 마신다. 처음에 물과 함께 끓여주어야 영지의 액이 서서히 나온다. 영지버섯 30g에 물 1.5L를 준비하고, 대추나 감초와 함께 달이시면 더욱 좋다. 약한 불로 2시간 정도 달이면 색깔이 누르스름해진다. 영지버섯은 3번정도 달여서 마실 수 있다. 2번째 달일 때에는 물1L를 넣고 달이고, 3번째는 물의 양을 조금 줄여 달여 마시면 된다. 식힌 물을 냉장고에 보관하면서 아침, 저녁으로 공백에 따뜻하게 데워 유리잔으로 한잔 씩 마신다. 단 몸이 냉한 사람은 약간의 꿀을 가미해 먹는 것이 좋다.

붉은덕다리버섯

담자균류 민주름버섯목 구멍장이버섯과의 버섯
Laetiporus sulphureus var. miniatus

Dr's advice

이 버섯은 체질개선, 허약체질, 항 질병 등을 비롯해 혈액을 청결하게 만드는 성분이 들어 있다. 또 혈전형성을 저지해주는 저해물질을 분비하기 때문에 중풍, 뇌졸중, 폐결핵, 지혈, 항암 등의 치료에 효과가 있다.

분포지역

한국(지리산, 한라산), 북한(백두산), 일본, 아시아 열대 지방

서식장소 / 자생지

침엽수의 죽은 나무 또는 살아 있는 나무, 그루터기

크기

버섯 갓 지름 5~20㎝, 두께 1~2.5㎝

생태와 특징

침엽수의 고목이나 살아있는 나무를 비롯해 썩은 나무그루터기에서 무리지어 자란다. 버섯 갓은 지름 5~20㎝, 두께 1~2.5㎝로 표면은

선명한 주황색 또는 노란빛을 띤 주황색이고 건조하면 흰색으로 변한다. 부채 모양 또는 반원 모양의 버섯 갓이 한 곳에서 겹쳐서 나며 전체가 30~40cm에 이른다. 살은 육질로서 연한 연어살색이며 나중에 단단해지고 쉽게 부서진다.

아랫면에 있는 관공의 길이는 2~10mm로 구멍은 불규칙하고 1mm 사이에 2~4개 있다. 홀씨는 $6 \sim 8 \times 4 \sim 5 \mu m$로 타원형이고 색이 없다. 목재부후균이며 나무속을 갈색으로 부패시킨다.

약용, 식용여부

어린 것은 식용할 수 있다.

항암효과와 약리작용(임상보고)

피를 맑게 해주어 혈전분해, 중풍, 뇌졸중, 폐결핵, 항암치료에 효과가 있다.

먹는 방법

유균 때는 씹는 느낌이 마치 톱밥처럼 팁팁해 먹지 못한다. 따라서 붉게 성장한 것을 식용으로 한다. 하지만 생으로 먹으면 중독이 있기 때문에 반드시 익혀서 먹어야 한다. 그리고 노균은 푸석푸석해서 식용으로는 적합하지 않다. 성장한 것을 끓는 물에 데친 다음, 데친 물은 버리고 버섯을 건져내 하루 종일 찬물에 담가 두었다가 요리해야 한다. 잘게 썰어서 튀기는 것이 가장 맛이 좋다. 이밖에 잘게 썰어 말렸다가 약차로 활용하면 된다.

비단그물버섯, 젖비단그물버섯

담자균류 주름버섯목 그물버섯과의 버섯
Suillus luteus(L.) Russel.

Dr's advice

이 버섯류의 대부분이 항종양, 항균, 항산화, 혈당저하 등에 작용하고 관절의 치료약으로 사용되는 원료이기도 하다.

생태와 특징

식용으로 알려져 있지만, 개인의 취향에 따라 각기 다르고 완화효과도 있어 조리하기 전에 반드시 껍질을 벗겨 조리해야 한다. 젖비단그물버섯의 종명 granulatus의 의미는 '점으로 뒤덮인'인데, 버섯대에 점이 많아서 붙여진 것이다. 자실 층에서 젖빛 유액이 분비되기 때문에 한국 명이 젖비단그물버섯이다. 이 버섯은 여름부터 가을에 걸쳐 혼효림의 땅위나 소나무 밑에 많이 자란다. 풍부한 향과 육질이 부드러워 식용버섯으로 최고인데, 유럽에서는 고급요리로 사용되고 있다.

성분

이 버섯에는 Suillusin, Suillin, flazin, 유리아미노산 23종, 등색 색소 grevillin B 등의 성분이 풍부하게 함유되어 있다. 비단그물버섯에는 Suillumide, 유리아미노산 26종, 에르고스테롤, 미량 금속 원소 12종과 chitin이 함유되어 있다.

한의학적 효능

중국에서는 비단그물버섯과 젖비단그물버섯을 전신성 골관절증인 캐신벡병의 치료에 사용해왔다. 이밖에 만병통치 불로장생 묘약인 송마정의 주성분으로 사용되고 있다.

항암효과와 약리작용(임상보고)

suillin성분은 백혈병 세포 P388에 대한 억제작용을 나타냈다. 최근 들어 flazin이란 형광성 화합물이 발견되기도 했다. 이 성분은 간장 내에서 자연 상태로 존재한다. 비단그물버섯은 sarcoma 180에 대해 90%, Ehrlich 복수암에 대해 80%의 억제율을 나타냈다. 젖비단그물버섯은 Sarcoma 180에 대해 80%, Ehrlich 복수암에 대해 70%의 억제율을 보여줬다. 비단그물버섯 자실체에서 추출한 suillumide성분은 인간의 흑색종 세포 SK-Mel-1의 성장을 억제해준다. 비단그물버섯과 젖비단그물버섯은 L1210, 3LL 암세포에 대한 세포독성 작용과 함께 항산화작용도 한다.

젖비단그물버섯에 들어 있는 화합물 dimethoxysuillin성분은 사람의 비인두암 KB세포, 쥐 백혈병 P388세포, 사람의 기관지폐암 NSCLC-N6세포 등에 대해 세포독성 작용을 한다.

뽕나무버섯

담자균류 주름버섯목 송이과의 버섯
Armillariella mellea

Dr's advice

중국전통의학에서는 뽕나무버섯을 맛이 달고 몸에 좋은 영양성분이 풍부한 식품이라고 했다. 현기증, 두통, 신경쇠약, 불면증, 손발 저림, 유아경기 등에 뽕나무버섯을 정제해서 사용하면 좋다. 적응대상 질환은 시력감퇴, 야맹증, 피부건조, 호흡기, 소화기감염, 전간, 요퇴 동통 등이다. 이 가운데 호흡기 감염에 효과가 있는 이유는 비타민 A가 함유되어 있기 때문이다.

생태와 특징

늦여름에서 초가을(9월에서 10월까지)까지 활엽수 중 참나무의 그루터기주변에 수백송이씩 무더기로 자란다. 가끔 침엽수인 쓰가나무(Tsuga canadensis, Eastern Hemlock)의 밑동 주변에서도 자란다. 북미에서는 최소11종의 뽕나무버섯이 자라기 때문에 '뽕나무버섯 복합체'라고 부른다. 생으로 식용하면 부작용이 있기 때문에 반드시 잘 익혀서 섭취하면 최고의 맛을 느낄 수가 있다.

성분

아릴기 방향물질인 세스키테르펜 에스테르 외에 9종의 성분 등을 비롯해 항진균, 항균성분인 melleolide도 함유되어 있다. 포자병에는 비타민 A가 풍부하고 다당류는 균사속에 1.12%, 자실체에 2.27% 정도 함유되어 있다. 군사체 추출물에서는 휘발성 유기산인 propionic산(향료와 살균제로 사용되는 물질), 발레르산, 이소발레르산, 부티르산, 이소부티르산, 헤파토닉산(간세포 보호와 재생하는 물질), 미량금속 원소 6종 등이 함유되어 있다. 이밖에 단백질이 30%나 들어 있다.

항암효과와 약리작용(임상보고)

뽕나무버섯은 황색포도상구균, 식중독균인 세레우스균, 고초균 등에 대한 항균작용을 가지고 있다. 그람양성 박테리아에 대한 항균작용 외에 항암 항종양, 항바이러스, 항산화 등에 약리작용을 한다. 뇌의 혈액순환을 도와 뇌를 튼튼하게 지켜주면서 콜레스테롤저하, 혈지방 저하 등에 작용한다. 다당류는 방사능에 노출되어 나타나는 부작용을 다스린다. 사람을 대상으로 한 임상실험에서 본태성고혈압과 신성고혈압, 신경쇠약, 경련, 진정 등에 작용했다.

먹는 방법

뽕나무버섯 가루 30~90g을 차로 마시거나 캡슐에 넣거나 음식 위에 뿌려서 섭취하면 된다. 캡슐형태로는 1캡슐을 250mg으로 만들어 1일 3회, 400mg은 1일 2번 복용한다. 한국에서 만든 제품으로 뽕나무버섯 발효물인 밀환편(蜜環片)이 있다. 단 뽕나무 가루나 캡슐을 먹거나 복용할 때는 알코올 음료를 먹지 말아야 한다.

목질진흙버섯(상황버섯)

Phellinus liteus (L. ex Fr) Que
소나무 비닐버섯과에 속하는 흰색 부후균

Dr's advice

예로부터 이 버섯은 자궁출혈, 월경불순, 대하, 장출혈, 위장기능 강화 등에 애용되어 왔다. 최근 일본의학계의 발표에 따르면 '상황버섯에는 양질의 다당체와 단백질이 풍부하게 들어 있다는 것과 항암효과 즉 종양에 대한 저지율이 90%이상이었다고 했다. 특히 소화기암(위암, 식도암, 십이지장암, 결장암, 직장암, 간암)에 효과가 뛰어나다'고 했다.

상황버섯의 항암효과는 1995년부터 거론되었고 면역증강제로서의 효과가 일찍부터 알려졌다. 하지만 여러해살이 자연산 상황버섯은 매우 귀하고, 인공재배 역시 어렵기 때문에 상당한 고가로 거래되고 있다. 이 버섯도 포자층이 형성되지 않은 균사체에 가까워 완전한 버섯이 아니다. 상황버섯 자체가 희귀해 자연산으로 자란 버섯을 구하기가 매우 어려워졌다. 따라서 자실체의 항암성분을 의약품으로 개발하기가 불가능했다. 하지만 충북대 약학대학, 서울대 약학대학 교수팀에 의하여 균사체를 액체배양하고 그로부터 단백다당체를 분리해 항암효과의 월등함을 입증시켰다.

생태와 특징

상황버섯은 소나무 비닐버섯과에 속하는 흰색 부후균이다. 거의 뽕나무와 활엽수줄기에서 자생하는데, 보통 불리는 이름은 목질진흙버섯 또는 진흙버섯이다. 자라는 장소는 해발이 높은 활엽수지대의 양지에서 자생하는데, 땅의 그늘 쪽으로 성장한다. 그래서 죽은 나무의 줄기에서 발견되며, 3~4년 동안 여러해살이로 생장한다.

혓바닥 같은 모양의 윗부분이 상황의 품종에 따라 약간의 차이가 있다. 즉 진흙 같은 색깔을 띠기도 하고 감나무 껍질처럼 검은 것도 있다. 버섯을 물에 달였을 때 노랗거나 담황색의 물이 맑게 우러난다. 이 버섯은 아무런 맛이 없다.

버섯의 종류는 마른 진흙버섯(Phellinus Gilvus), 말똥 진흙버섯(Phellinus Ignarius), 진흙버섯(Phellinus Robustus), 목질진흙버섯(Phellinus ? Linteus), 검은진흙버섯(Phellinus Nigricans), 낙엽송버섯(Phellinus Pini), 녹슨 진흙버섯, 가지진흙버섯, 벚나무 진흙버섯, 전나무 진흙버섯 등이다.

법제(채취)방법

연중 채취가 가능한데, 여름과 가을철에 채취한 것을 햇볕에서 말려 사용한다.

성분

상황버섯의 일번적인 성분은 수분 8.6%, 단백질 5.5g, 지질 0.2g, 회분 1g, 탄수화물 83.7g, 섬유소 31.3g이고 무기질로는 칼슘 35mg, 인 94mg, 철 4.6mg, 칼륨 463mg, 나트륨 13mg 등을 비롯해 비타민 B1 0.27mg, B2 2.68mg, 나이아신 5.2mg 등이다.

한의학적 효능

예로부터 자궁출혈, 대하, 월경불순, 장출혈, 위장기능 강화 등에 사용되어 왔다. 더구나 강력한 항종양 성분인 단백 다당체 미생물도

들어 있지만, 실제적으론 효과가 적고 추출할 수 있는 양도 많지 않다. 그래서 약품재료로 쓰이지 않고 있다.

항암효과와 약리작용(임상보고)

이 버섯의 항암효과에 대한 과학적 연구가 활발하게 연구됨에 따라, 대량생산의 목적으로 연구재배가 진행되고 있다. 담자균의 항종양성분은 거의 단백결합 다당체 또는 다당체이다. 단백 다당류는 암치료에 대한 화학요법제와는 달리 정상세포에는 독작용이 없고 도리어 면역기능을 강화시켜준다.

특히 담자균 가운데 월등한 항암력을 지니고 있는 버섯이 바로 상황버섯인데, 종양에 재한 저지율이 96.7%나 된다.

먹는 방법

상황버섯은 다른 버섯과는 달리 냄새와 맛이 전혀 없기 때문에 허약체질과 식욕부진 환자가 복용하기에 적합하다. 물론 많이 복용한다고 짧은 시간에 즉효가 나타나는 것은 아니다.

특히 상황버섯은 극히 적은 양으로도 큰 기대를 얻을 수 있는 약용버섯이다. 따라서 가장 안전하고 효율적인 복용방법은 액체화로 만드는 것이다. 물론 최근 들어 미국식품의약품안전청(FDA)에서 식품으로 승인받은 것처럼 독성이 없다. 하지만 자연산 상황버섯은 미량으로도 명현현상이 뚜렷하게 나타나기 때문에 한 번에 많은 양을 복용하지 말아야 한다. 적절한 1일 복용량은 체중 70kg에 야생상황 3~5g이다.

소화기계 암과 면역항체 강화일 때는 상황 3~5g에 물을 붓고 끓인 다음 1일 식후 3회에 차갑게 복용한다.(명현반응이 강하기 때문에 1일의 양을 반드시 엄수해야 한다)

또 용기에 찬물 300~500cc를 붓고 상황을 넣어 약한 불에서 물의 양이 반으로 줄어들 때까지 끓인다. 끓으면 불을 끄고 식힌 다음 1일 3번 나누어 복용한다. 맛이 없기 때문에 영지 3~5g 섞어 함께 달이면 맛이 좋은 상황차가 된다.

단 소화기 암(위암, 식도암, 십이지장암, 결장암, 직장암, 간암) 수술환자는 1일 3회 식후에 복용하고, 자궁출혈, 대하, 월경불순, 장출혈, 오장과 위장기능 활성화 해독에는 1일 2회 식전에 복용하면 된다.

상황버섯 차 만드는 법

❶. 용기에 물 2,000cc를 붓고 잘게 쓴 상황버섯 50g을 넣는다.

❷. ❶을 강한 불로 시작해 끓으면 약한 불에서 반으로 줄 때까지 달인다.

❸. 달인 물은 다른 용기에 비워둔다.

❹. ❷에 또다시 물 2,000cc를 붓고 재탕과 삼탕한다.

❺. ❸과 ❹의 물을 한 곳에 붓는다.(10일 분 3,000cc)

❻. ❺을 냉장 보관해 1일 3회 식전이나 식후에 따뜻하게 데워 마신다

찰진흙버섯

형태

갓의 너비가 10~15cm이고 두께가 10cm이며, 갓 표면은 넓은 간격의 얕은 환구가 있고 전면은 요철로 이뤄져 있다. 갓 주변은 황갈색이고 중심부는 회갈색에서 회흑색이며, 균열이 나 있다. 조직은 목질이고 두께가 1~3cm로 담황갈색과 황갈색의 환문이 있다. 자실층은 황갈색에서 갈적색을 띤다. 관공은 다층으로 되어 있고 각 층의 두께는 0.3~1cm이며, 관공구는 작고 원형으로 되어 있다. 포자는 6~9×5.5~8.5㎛이고 유구형으로 되어 있다.

생태

여름에 참나무 등의 활엽수 고목에서 자라는 여러해살이의 목재백색부후성 버섯이다.

약리작용

항종양(Sarcoma 180/마우스, 억제율 60%, Ehrlich 복수암/마우스, 억제율 70%)

말똥진흙버섯

형태

각종 활엽수 특히 자작나무, 오리나무, 버드나무 등의 생목이나 고목 위에서 자라는 목재 백색 부후성 여러해살이 버섯이다. 갓의 너비가 10~20cm이고 두께가 5~15cm이며, 갓 표면은 말굽형, 반구형 또는 종형이다. 표면은 중심상의 환구와 종횡으로 균열이 있고 회갈색, 회흑색 또는 흑갈색을 띠며 각피는 없다. 신생부의 갓 둘레는 갈색이고 조직은 목질로 딱딱하며, 암갈색이다. 관공구는 원형으로 미세하고 1mm마다 4~5개가 있다. 포자는 5~6×4~6μm로 유구형이고 표면은 평활하고 아밀로이드이며, 포자문은 백색이다.

약리작용

항종양(Sarcoma 180/마우스, 억제율 87.4%, Ehrlich 복수암/마우스, 억제율 80%), 면역세포 활성, 복강식세포 활성, 땀샘분비 등에서 억제 작용을 한다.

마른진흙버섯

생태

여름부터 가을까지 활엽수의 고목줄기 위에서 중생하는 1~3년생 목재백색부후성 버섯이다. 갓의 너비가 3~8cm이고 두께가 0.5~1cm로 반원형이나 편평형이다. 황갈색 표면은 불분명한 환문이 있고, 짧은 뻣뻣한 털 또는 사마귀 모양의 돌기가 빼곡히 있다. 조직은 황갈색이고 두께가 0.3~0.7cm이며, 건조한 점토질이다. 갓 밑은 황갈색 또는 암갈색이고 관공의 길이가 0.1~0.5cm이다. 관공구는 원형이고 미세해 1mm에 6~7개이다. 포자는 4~5×2.5~3μm이고 모양이 장타원형이다.

약리작용

항종양(Sarcoma 180/마우스, 억제율 90%, Ehrlich 복수암/마우스, 억제율 60%) 작용을 한다.

낙엽송버섯

생태

 여러해살이 버섯으로 침엽수 가운데 가문비나무, 낙엽송, 소나무 등의 생목에서 자라는 입목백색심재공부후성 버섯이다. 갓의 너비가 10~40cm이고 두께가 5~20cm이며, 모양이 말굽형, 반원형, 편평형이고 표면에 뚜렷한 환구가 보인다. 신생부에는 털이 있고 황갈색이지만, 자라면서 암갈색 또는 흑갈색으로 변하고 털이 없어지면서 하각면이 노출된다. 조직은 목질에 황갈색이고 주변은 모피 밑의 하각에 검은 줄이 있다. 하면의 자실층은 관공상으로 다층이다. 각 층의 두께는 0.2~0.4cm이고 오래된 관공은 뚜렷한 황갈색의 균사가 덮고 있다. 관공부는 원형 또는 미로상으로 1mm에 2~3개가 보인다. 포자는 4~6×3.5~4μm이고 유규형이며, 갈색을 띠고 있다.

약리작용

 항종양(Sarcoma 180/마우스, 억제율 100%, Ehrlich 복수암/마우스, 억제율 100%) 작용과 면역증강을 도운다.

소나무잔나비버섯

담자균류 민주름버섯목 구멍장이버섯과의 버섯
Fomitopsis pinicola

Dr's advice

항암작용으로 위암, 식도암 등에 쓰이고 뱃속 덩어리로 통증이 나타나거나, 소화불량 등에 많이 쓰인다. 비정상적 체액인 담을 삭혀주고 어혈을 풀어주는데 쓰면 효과가 좋다.

분포지역
한국, 북한, 일본 등 북반구 온대 이북
서식장소 / 자생지
소나무 및 각종 침엽수의 죽은 나무, 쓰러진 나무, 살아있는 나무의 줄기
크기
버섯 갓 지름 30cm, 두께 15cm

생태와 특징
북한명은 전나무떡따리버섯이다. 일 년 내내 각종 침엽수의 죽은 나

한국의 약용버섯 항암버섯

무, 쓰러진 나무, 살아 있는 나무의 줄기에 자란다. 버섯 대 없이 버섯 갓이 나무줄기에 선반처럼 붙는다. 버섯 갓은 지름 30㎝, 두께 15㎝으로 큰 반원 모양이다. 버섯 대 윗면은 두꺼운 각피(殼皮)로 덮여 있기 때문에 단단하고 표면은 밋밋하며, 검은색 또는 붉은 갈색이고 동심원같이 생긴 이랑모양의 융기가 있다. 흔히 갓 가장자리에 붉은빛을 띠는 갈색의 띠가 있다. 밑면은 누런 흰색이며 미세한 관공이 촘촘하게 나 있다. 살은 나무질로 단단하고 연한 누런 흰색이다. 홀씨는 긴 타원형이고 홀씨 무늬는 흰색이다. 목재부후균으로 나무에 갈색 부패를 일으킨다.

약용, 식용여부

식용할 수 없다.

항암효과와 약리작용(임상보고)

항암버섯으로 이용되며 항암억제율이 50~80%를 자랑하는 귀한 약용버섯이다. 소나무잔나비버섯은 다년생버섯으로 나무와 붙어 오래 살다보니 나무의 리그닌이나 셀룰로오스를 분해하면서 버섯 자체에 항암작용을 하는 기능성 물질을 축적하므로, 항암, 면역증강, 콜레스테롤 및 혈당저하, 뇌졸중 및 심장병 예방과 치유, 감염방어효과 등을 나타내는 다당체가 함유되어 있다. 특히, 강장제로 소화기간의 염증을 줄이기 위해 사용하며, 췌장, 위암, 당뇨에 탁월한 효능을 보인다. 이를 위해서는 소량을 장복해야 한다.

그리고 혈압강하, 콜레스테롤 배출, 해열작용을 하며, 적응증으로는 발열, 심장병, 고지혈증에 쓰인다. 예로부터 크리족 원주민들은 소나무잔나비버섯을 지혈제로 사용했으며, 일본에서는 감기에 의한 열을 내리고, 폐암 치료에 사용하고 있다고 한다.

먹는 방법

완전히 말린 버섯 37g을 물로 깨끗이 씻어낸 후 옹기 나 유리용기에 물 2000mL에 넣고 센불로 끓이다가 끓기 시작하면 약한 불로 낮추어 물의 양이 반이 되도록 달인다. 달임액을 다른 용기에 옮기고 생수 2000mL를 부어 초탕과 같은 방법으로 달인다. 같은 방법으로 5회를 반복하여 달여서 달임물을 잘 혼합하여 5000~6000mL를 만들어 냉장보관한다(10일 분량). 1일 5회 200mL씩 약용복용한다.

* 1일 복용량은 성인기준 1일 5~7g이다.

* 상황버섯이나 인삼을 혼용 복용하면 효과가 배가 된다.[비율 소나무잔나비버섯2:상황버섯(혹은 인삼)1]

* 손발이 차거나, 허약체질일 때는 약간의 꿀을 가미해 마셔도 좋다.

* 강장 보호일 때는(1회분) 버섯 3~4g을 달여 1일 2~3회씩 10일 동안 복용한다. 이때 산약(산마가루)가루 6~8g을 가미해 복용하면 효능이 더 좋으며, 냉한 기운도 제거해준다.

* 고혈압일 때는(1회분) 버섯 3~4g을 생수에 담가 우려낸 다음 1일 2~3회씩 10일 정도 복용한다. 이때 산마와 가미하면 냉한 기운도

제거해준다.

 * 기관지염일 때는(1회분) 버섯 3~4g을 생수에 담가 우려낸 다음 10회 정도 공복에 복용한다.

 * 당뇨일 때는(1회분) 버섯 3~4g을 물에 넣고 달인 다음 1일 2~3회씩 1개월 정도 복용한다. 이때 반드시 산마가루를 가미해 복용해야 한다.

 * 동맥경화일 때는(1회분) 버섯 3~4g을 2~3일 동안 생수에 담가 우려낸 다음 1일 2~3회씩 1주일 정도 공복에 복용한다.

 * 무좀일 때는 버섯을 물에 담가 진하게 우려낸 다음 4~5회 환부를 담근다.

 * 불면증일 때는(1회분) 버섯 3~4g을 달이거나 물에 담가 우려낸 다음 1일 2~3회씩 4~5일 동안 복용한다.

 * 신경쇠약일 때는(1회분) 버섯 3~4g을 물에 넣어 달인 다음 1일 2~3회씩 10일 이상 복용한다.

새주둥이버섯

바구니버섯과의 버섯
Lysurus mokusin (L.:Pers.) Fr.

분포지역
한국, 북한(백두산), 일본, 중국, 타이완, 오스트레일리아

서식장소 / 자생지
숲 속이나 정원의 땅 위

크기
버섯 높이 5~12cm, 굵기 1~1.5cm

생태와 특징
초여름부터 가을까지 숲 속이나 정원의 땅 위에 무리를 지어 자라며 특히
불탄 자리에 많이 난다. 버섯은 높이가 5~12cm이고 굵기는 1~1.5cm이다.
성숙한 자실체는 4~6각기둥 모양이고 단면은 별 모양으로 연한 크림색이
다. 자실체 위쪽은 버섯 대의 능선과 같은 수만큼의 팔이 각 모양으로 갈라
지나 그 팔은 안쪽에 서로 붙어 있으며 끝은 하나로 뭉쳐진다. 팔의 내면은
홍색이며 그곳에 어두운 갈색인 점액처럼 생긴 기본체가 붙는다. 홀씨는
4~4.5×1.5~2μm로 방추형이고 한쪽 끝이 조금 가늘며 연한 올리브색이
다. 홀씨는 팔 내부의 점액에 섞여 있는데 이 점액이 곤충의 몸 등에 붙어
홀씨를 분산시켜 자기 종족을 퍼뜨리고 보존한다.

약용, 식용여부
독성이 없어 식용과 약용으로 이용된다.

솜귀신그물버섯(귀신그물버섯)

주름버섯목 귀신그물버섯과 귀신그물버섯속 버섯
Strobilomyces strobilaceus (Scop.) Berk.

분포지역
한국, 유럽, 북아메리카

서식장소/ 자생지
숲속의 땅 위

크기
갓 지름 3~12㎝, 자루 길이 5~15㎝, 자루 지름 5~15㎜

생태와 특징
여름부터 가을 사이에 숲속의 땅위에 무리지어 나며 공생생활을 한다. 균
모의 지름은 3~12㎝이고, 반구형에서 둥근 산 모양을 거쳐서 편평한 모양
으로 된다. 표면은 검은 자갈색 또는 흑색의 인편으로 덮여 있다. 균모의
아랫면은 백색의 피막으로 덮여 있으나 흑갈색으로 되고, 나중에 터져서
균모의 가장자리나 자루의 위쪽에 부착한다. 살은 두껍고 백색이지만, 공
기에 닿으면 적색을 거쳐 흑색으로 된다. 관공은 바른관공 또는 홈파진관
공으로 백색에서 흑색으로 되고, 구멍은 다각형이다. 자루의 길이는 5~15
㎝, 굵기는 0.5~1.5㎝이고 표면은 흑갈색이며 뚜렷한 섬유 털로 덮여있다.

약용, 식용여부
식용과 약용으로 이용할 수가 있다.
외생균근을 형성하는 버섯이기 때문에 이용가능하다.

소혀버섯

담자균류 민주름버섯목 구멍장이버섯과의 버섯
Fistulina hepatica

Dr's advice

대부분의 버섯에는 비타민 C가 없지만, 오직 소혀버섯에만 100g당 150mg의 비타민 C가 함유되어 있다. 다시 말해 인간에게 필요한 1일 기준치의 5배나 많다.

생태와 특징

이 버섯은 거의 죽은 참나무, 밤나무 위에서 자라지만, 가끔은 살아 있는 참나무에서도 자라는 반기생균이다. 그래서 참나무의 심재부후를 일으키는데, 썩는 과정이 몹시 늦다. 부후를 일으키는 과정을 보면, 참나무가 썩기 전에 참나무 속을 적갈색 얼룩으로 변화시키기 때문에 '갈색 참나무'로 불리면서 목수들에게 인기가 높다.

성분

이 버섯에는 향미와 단맛, 야생화 향내를 내뿜는 다양한 종류의 휘발성성분이 들어 있다. 그 중에 1-octen-3-one, 1-octen-3-ol,

향수에 사용되는 리날롤, 히아신스 같은 향기가 난다. 향수에 사용되는 페닐아세트알데히드, 부탄산, (E)-2-methyle-2-butenoic acid, (E)-methyle cinnamate, (Z)-9-hexadecenoic acid 등을 비롯해 역시 향료로 사용되는 메틸에스테르, bisabolol oxide B, 페닐아세트산 등도 함유되어 있다.

항암효과와 약리작용(임상보고)

아일랜드에서는 오랫동안 낫지 않는 피부궤양 치료에 소혀버섯을 사용했다. 섭씨 230°~260°의 용해 점에서 뜨거운 물로 추출한 소혀버섯을 회백색 가루로 만들 수가 있다. 추출물에는 겔라토스, 크실로오스, 자일로스, 아라비노오스 등이 들어 있다. 소혀버섯 추출물은 sarcoma(육종) 180 암세포에 대해 억제율 95%, 에를리히 복수암에 대해 90%의 억제율를 나타냈다.

특히 항균성분인 시나트리아세틴 A와 B도 함유되어 있다. 1981년 Coletto 등은 소혀버섯균사체에서 대장균, 황색포도상구균, 고초균 등에 대한 항균 성분을 알아냈다. 1992년에는 폐렴간균에 대한 항균성분을 밝혀냈다. 이보다 앞선 1945년에는 소혀버섯자실체에서 황색포도상구균에 대한 억제성분을 이미 밝혀냈다.

1973년 Farrell 등은 소혀버섯에서 황색포도상구균과 장티푸스균에 대한 항균성분인 페니실린계통의 항생물질인 세팔로스포린 C와 비슷한 항균성분으로 자연산 아세틸렌을 찾아냈다.

특히 이 버섯에는 암 세포의 성장을 억제시키는 엘라그산 49.7% 외에 사과산과 능금산도 58%가 들어 있다. 또한 강한 항산화작용과 함께 혈액, 오줌, 간장 등에 들어 있는 크산틴산화효소(질소화합물)를 억제하는 성분도 발견했다.

송이

주름버섯목 송이과의 식용버섯
Tricholoma matsutake (S. Ito & S. Imai) Singer

Dr's advice

송이는 향과 맛이 일품인 식용버섯이면서 다양한 질병치료와 항종양, 항균, 항산화, 면역체계 강화 성분 등을 지니고 있는 약용버섯이기도 하다.
송이의 품질은 버섯 갓의 피막이 터지지 않고, 버섯 대가 굵고 짧으며 살이 두꺼운 것이 좋다. 또한 향기가 진하고 색깔이 선명하며 탄력성이 큰 것이 우량품이다. 송이는 생산시기에 채취 집하되어 생송이로 일본으로 많이 수출하고, 일부는 냉동 또는 염장하거나 통조림으로 저장하여 이용한다. 송이는 활물기생균이므로 표고와 같이 종균에 의한 인공재배가 곤란하여 송이의 발생 임지에 대한 환경개선과 관리에 의존하고 있으며, 최근에는 소나무 묘목을 송이균에 감염시켜 이식하는 방법 등이 연구 중에 있다.

분포지역
한국, 북한, 일본, 중국, 타이완
서식장소 / 자생지
20~60년생 소나무 숲 땅 위
크기

버섯 갓 지름 8~20㎝, 버섯 대 길이 10㎝, 굵기 2㎝

생태와 특징

가을 추석 무렵에 소나무 숲 땅 위에서 무리를 지어 자라거나 한 개씩 자란다. 버섯 갓은 지름 8~20㎝이다. 처음 땅에서 솟아나올 때는 공 모양이나, 점차 커지면서 만두 모양이 되고 편평해지며 가운데가 약간 봉긋하다. 갓 표면은 엷은 다갈색이며 갈색 섬유상의 가느다란 비늘껍질로 덮여 있다. 어린 버섯은 흰색 솜털 모양의 피막에 싸여 있으나 펴짐에 따라 피막은 파여서 갓 가장자리와 버섯 대에 붙어 부드러운 버섯 대 고리로 남는다. 살은 흰색이고 꽉 차 있으며, 주름살도 흰색으로 촘촘하다.

버섯 대는 길이 10㎝, 굵기 2㎝로 버섯 대 고리의 위쪽은 흰색이고 아래쪽에는 갈색의 비늘껍질이 있다. 홀씨는 8.5×6.5㎛로 타원형이며 무색이다. 일반적으로 송이는 20~60년생 소나무숲에 발생하며, 송이균은 소나무의 잔뿌리에 붙어서 균근(菌根)을 형성하는 공생균(共生菌)이다.

송이의 홀씨가 적당한 환경에서 발아된 후 균사로 생육하며 소나무의 잔뿌리에 착생한다. 흰색 또는 연한 노란색의 살아 있는 잔뿌리가 흑갈색으로 변하면서 균근을 형성하게 된다. 균근은 땅속에서 방석 모양으로 생육 번식하면서 흰색의 뜸(소집단)을 형성하며 고리 모양으로 둥글게 퍼져 나가는데 이것을 균환(菌環)이라고 한다. 균환은 땅속에서 매년 10~15㎝씩 밖으로 생장하며, 충분히 발육된 균사는 땅속 온도가 5~7일간 19℃ 이하로 지속되면 버섯이 발생하기 시작한다. 이 무렵에는 충분한 수분이 필요하다. 따라서 송이는 주로 가을에 발생하며 6~7월에 약간 발생하기도 한다.

한국의 송이 주산지는 태백산맥과 소백산맥을 중심으로 경북 울진,

영주, 봉화 지방과 강원 강릉, 양양 지방이다. 한국, 북한, 일본, 중
국, 타이완 등지에 분포한다. 여름가 가을에 채취해 햇볕에 말려서
사용한다.

약용, 식용여부

송이의 품질은 버섯 갓의 피막이 터지지 않고, 버섯 대가 굵고 짧으
며 살이 두꺼운 것이 좋다. 또한 향기가 진하고 색깔이 선명하며 탄
력성이 큰 것이 우량품이다.

성분

수분 89.9%, 단백질 2.0%, 지방 0.5%, 섬유소 0.7%, 회분 0.8%
등으로 구성되어 있다. 말린 버섯에는 지방 5.0%, 무질소 화합물
59.8%, 조섬유 7.4%, 회분 7.6% 등이 함유되어 있다.

이밖에 유리아미노산 27종, 에르고스테롤, 미량 금속원소 13종, 비
타민 B1, B2, C, D, 니아신, 글리세롤, 마니톨, trehaloes, 글루코
스, 셀루로스, 헤미셀루로스, 키틴, 리그닌, 5′-AMP, 5′-CMP,
5′-GMP, 5′-UMP, 계피산 메틸, 항종양 성분인 에미타민 등도 함
유되어 있다.

특히 신선한 버섯에는 비타민 B2 117.2μg%, 비타민 C 16.92%, 비타민 D2 0.255%(건조품), ergosterol 0.25%(건조품)가 함유되어 있다. 향기성분은 matsudakeol 60~80%, isomatsudakeol 5~10%, methyl cinnamate 15~30% 등이다. 길항물질 toxopyrimidine가 함유되어 있는데, 이것은 일종의 염기핵의 유기산으로 추측된다. 이 성분은 미당(미당), 효모, 대두, 사과, 시금치 잎, 간장, 난황 등의 식품에서 찾아볼 수가 있다. 쥐에 2-methyl-6-amino-5-hydroxyl methyl pyrimidine(toxopyrimidine)을 주사해 나타난 경련에 길항작용이 있었다.

송이는 향과 맛이 일품인 최고의 식용버섯이며, 이와 함께 여러 가지 질병을 치료와 함께 항종양, 항균, 항산화, 면역력강화 등에 대한 성분을 가지고 있다.

한의학적 효능

송이버섯의 성미는 맛이 달고 성질이 평하면서 독이 없기 때문에 각종 암, 임증, 위장병, 요통, 고혈압, 산후복통, 대장염, 설사, 산후 혈기부족증, 지통, 장과 위를 보호, 소변 혼탁, 실금증상 등을 치료해준다. 1일 4~12g을 물로 달이거나 가루로 내어 복용하면 된다.

항암효과와 약리작용(임상보고)

예로부터 이 버섯은 난산, 위염, 열병, 경기, 편도선염 등의 치료에 써 왔고 구충제로도 사용되었다. 최근 항종양 성분에 대한 연구에서 sarcoma 180암에 대해 91.8%의 억제율을 보였다. 쥐의 실험을 통해 55%의 치료효과가 나타났는데, 이 결과는 표고와 매우 흡사했다. Ehrlich 복수암의 경우 100%의 억제율이 있었다. 2003년 Matsunaga 등은 송이의 균사체가 대장암 세포의 증식을 억제한다는 사실을 알아냈다. 다른 연구에서는 면역력강화와 세포단백질로 종양괴사인자인 TNF-알파의 생산을 증가시키는 다당류를 발견했다. 이와 함께 알파 글루칸은 1차 종양과 전이성 종양의 성장을 억제한다는 것도 알아냈다. 또 원숭이의 발암바이러스(SV-40)와 자궁경부암의 원인인 인간 유두종 바이러스를 억제하는 항종양 단백질도 발견했다. 이에 따라 이 단백질은 섬유육종을 억제하는 물질로 추측이 된다.

2007년 한국의 임현우 등은 산화질소 생산억제와 항산화 작용에 따른 항염 성분을 발견했다. 또 2008년 김종현 등은 배양한 베타 글루칸이 NF-kappa B의 활성화를 통해 면역체계를 자극한다는 것도 알아냈다. 또 다른 연구에서 균사체에서 알파 글루칸 성분이 발견되었는데, 이것은 면역력을 조절해주는 성분이기도 하다.

먹는 방법

여름과 가을에 버섯을 채취해 햇볕이나 건조기에서 말려 사용한다.
* 임증 또는 암을 치료할 때는 1일 3~9g을 물로 달여 마시거나 가루로 내어 먹는다.
*편도염일 때는 송이를 말려서 부드럽게 가루로 만든 것을 빨대로 흡입해 편도선 부위에 골고루 뿌려준다. 약 30분 정도 지나면 물을 마신다. 편도의 염증을 가라앉히는 작용이 있으므로 3~4번 정도 반복하면 통증이 사라진다.
*탈하증 및 유선염일때는 송이버섯 3~5개를 1ℓ 정도의 물에 넣고 물이 3분의 2로 줄도록 달인다. 그 물에 좌욕하면 탈하증에 좋고, 젖멍울이 생겨 풀리지 않을 때 송이 삶은 물을 자주 복용하면 유선염에 좋은 효과가 있다.

수실노루궁뎅이(산호침버섯)

산호침버섯과
Hericium coralloides(Scop.) Pers.

Dr's advice

이 버섯에는 항암과 면역기능을 강화시키는 글리칸과 다당류의 함유량이 풍부
하자. 즉 면역기능을 향상시켜 암세포의 증식을 억제시켜 준다. 특히 갈락토실
글루칸과 만글루코키실칸의 두 성분은 이 버섯에만 함유되어 있는 특유의 활성
다당체이다. 이 성분의 항종양 억제율은 다른 버섯보다 매우 높다.

분포지역

한국(북한산), 북아메리카, 유럽

서식장소/ 자생지

침엽수의 고목, 그루터기, 줄기

크기

자실체크기 직경 10~20cm, 침의 길이 1~6mm

생태와 특징

여름에서 가을에 걸쳐 침엽수의 고목이나 썩은 그루터기 등에서 홀

로 자란다. 산호모양으로 가지가 뻗어 옆으로 분지하면서 많은 침을 밑으로 내린다. 자실체의 크기는 너비가 직경 10~20cm이고 침의 길이가 1~6mm정도 된다. 자실체의 조직은 백색 또는 크림색이고 육질 또한 부드럽다. 자실체의 표면은 전체가 백색이고 건조되면 황적색 또는 적갈색으로 변한다. 자실의 층은 침모양의 자실체 표면에 분포되어 있다. 기부는 가지가 크지만, 위쪽은 작은 가지가 침으로 분지하고 기부는 서로 융합해 백색의 자실체 덩어리로 만들어진다. 건조하면 담황갈색 또는 갈색으로 변한다. 포자특징은 유구형이고 표면에는 미세한 돌기가 분포되어 있다.

약용, 식용여부
식용과 약용이다.

한의학적 효능
이 버섯의 효능은 자양강장, 위궤양, 신경쇠약, 소화기계통 암과 수술 후 재발방지에 뛰어나고 활성산소까지 제거해준다. 특히 독성을 제거하면서 활성산소를 제거해주는 SOD 효소가 높다. 따라서 세포 산화를 막아 세포를 젊게 해 노화와 암을 예방해주는 최고의 효능을 가지고 있다. 이밖에 치매예방과 머리를 총명하게 해주는 것은 뇌 안의 에피네린 호르몬보다 4배의 신경세포성장인자의 합성 촉진 작 용이 있기 때문이다.

항암효과와 약리작용(임상보고)

강력한 각종 암에 쓰이는 항암제로서 항종양, 항균, 함염작용과 항 암작용으로 각종 암에 효능이 있다. 또한, 헤리세논과 에라나신 작 용으로 신경쇠약, 치매에도 좋은 효능을 가지고 있다. 면역과민반응 을 잡아 주는 호메오스타시스 증강으로 알레르기, 아토피 피부염, 당뇨병, 고혈압, 소화불량, 위궤양에 효과가 있다.

먹는 방법

먼저 버섯을 흐르는 물에 깨끗이 씻어 깍두기 크기로 자른다. 그런 후 1, 2, 3차로 나누어 3번에 걸쳐서 달인 물을 모두 합쳐 유리병에 담아 냉장고에 보관하며 음용한다. 또한, 식약용 버섯이기 때문에 끓인 물은 음료로 사용하고 버섯은 따로 무쳐서 반찬이나 국, 찌개 에 넣어도 좋다.

1일 복용량은 5g인데, 음료수 잔으로 하루 2잔 정도의 양으로 일주 일에서 열흘 분량을 계산하여 문화(文)하게 달인다.

아가리쿠스(신령버섯, 흰들버섯)

담자균류 주름버섯목 주름버섯과의 버섯
Agaricus blazei Murill

Dr's advice

이 버섯에 들어 있는 아가리틴 성분은 백혈병 세포의 성장을 억제해준다. 또한 구름버섯(운지)에 함유되어 있는 polyhydroxy steroides성분도 함유하고 있다. 특히 버섯에 들어 있는 다당류는 좋은 세포에겐 면역력을 향상시켜주고 악성종양세포만 골라서 죽이는 성질을 가지고 있다. 이에 따라 루푸스 홍반, 류머티즘관절염, 갑상선 등의 질환에 효능이 뛰어나다.

원산지

아메리카

분포지역

미국 플로리다주 일대와 라틴아메리카 북부 고원지대

서식장소 / 자생지

미국 플로리다주, 브라질의 산간지대

크기

자루 5~10cm, 갓 6~12cm

생태와 특징

신령버섯 또는 흰들버섯으로도 불린다. 자루 높이는 5~10㎝, 갓의 크기는 6~12㎝이다. 생김새는 양송이와 비슷하지만, 자루가 양송이보다 두껍고 길다. 갓의 겉 부분은 발생 조건에 따라 흰색, 갈색 또는 옅은 갈색을 띠지만, 자루는 희다. 들에서 자생하는 버섯 가운데 가장 무거운 편에 속하며, 포자의 갈변(褐變)이 늦다. 마른 오징어나 멸치 냄새 같은 구수한 향이 나고, 씹으면 단맛이 난다.

1944년 미국 플로리다 주(州)에서 처음 발견된 뒤, 1960년대 중반 브라질의 산악지대인 피아다데의 원주민들이 식용한다는 사실이 밝혀지면서 널리 알려지기 시작하였다. 북아메리카와 중남미 일부 지역에서 자생하는 것으로 알려져 있을 뿐 다른 지역에서는 보고된 적이 없다.

단백질, 지방, 섬유질, 비타민, 무기염류, 아미노산, 필수지방산, 핵산 등 각종 영양소가 풍부하고, 암을 비롯한 각종 성인병에 좋다는 사실이 알려지면서 1990년대를 전후해 인공재배 연구가 이루어지기 시작하였다. 그 결과 1992년 일본에서 처음으로 인공재배에 성공하였고, 현재는 한국, 중국에서도 인공적으로 재배되고 있다. 자연 상태로 채취하면 바로 썩기 시작하기 때문에 날것으로는 보관하기 어렵고, 주로 동결건조 방법을 이용해 보관한다.

약용, 식용여부

마른 버섯을 그대로 씹어 먹기도 하고, 달여서 차로 마시거나 요리에 넣어서 다른 식품과 함께 먹는다. 부작용이 거의 없는 것으로 알려져 있다.

성분

신령버섯은 그 크기가 커다란 포르토벨라 버섯만 하고 건드리면 노란 얼룩이 지며 알몬드 맛과 냄새가 난다. 이 버섯은 상당량의 단백질을 함유하고 있어서 마른 버섯은 33-48%나 된다고 한다. 14%의 베타 글루칸과 거의 27%의 다당류를 포함하고 있다.

신령버섯에는 항종양 활성성분 3종, 지방산 12종외에도 비타민 B1, B2, D2, 니아신, 베타 글루칸을 비롯하여 여러 종류의 단백질 복합체들이 들어 있어서 항종양 효과가 있다고 한다. 그래서 약리작용으로 항종양, 혈압강하, 콜레스테롤 저하, 항혈전, 면역성부활 활성화 작용이 있다고 한다. 적응증으로 고혈압, 암, 동맥경화에 좋다.

항암효과와 약리작용(임상보고)

신령버섯의 아가리틴 성분은 백혈병 세포의 성장을 억제하는 것으로 밝혀졌다. 또한 신령버섯이 함유하고 있는 다당류는 악성 종양세포만 골라 죽이는 작용을 증진시키는데다가 면역력을 강화하는 성분마저 함유하고 있어서 면역력을 조절해 준다. 따라서 루푸스 홍반, 류마치스성 관절염, 갑상선 질환에 좋다고 한다.

또 수용성 proteoglycans(글리코실기基가 부가된 단백질)이 들어 있어 암과 AID 치료에 좋다고 한다. 일본에서는 신령버섯 자실체는

물론 그 균사체로부터 항종양 항암 작용에 대한 광범위한 연구가 진행되고 있다. 일본암협회에서는 대장암, 유방암, 자궁암, 폐암, 간암, Ehrilich 암 치료용으로 신령버섯 진액(extracts) 사용을 인정하고 있다. 그래서 일본에서는 3-5만의 암 환자들이 날마다 신령버섯 진액을 3~5g씩 마신다고 한다.

그리고 신령버섯은 유방암, 전립선암 병력이 있는 가족들의 암 예방에도 효과가 있다고 한다. 그 밖에도 항바이러스, 콜레스테롤 저하, 혈당조절, 혈압조절, C형 간염 치료에도 효과가 있다.

동종요법(homeopathy)으로 신령버섯은 피부과 질환에도 좋아 화장품에도 사용하며 건선(마른버짐), sycotic, 환경독극물, 오염 화학물질, 방사성물질로부터 피부를 보호하는 일에 사용한다.

일본 국립암연구센터, 도쿄대학교, 도쿄의약연구소에서 매일 기니피그에게 신령버섯진액 10mg을 투여했다. 그 결과 Sarcoma 180암에 대해 99.4%의 예방과 90%의 회복율을 보였다. 이것은 영지진액 30mg을 투여해 나타난 77.8%의 예방율보다 훨씬 높았다. 한국가톨릭대학교 병원에서 100명의 자궁경부암, 난소암, 자궁내막암 등의 환자들이 화학치료를 받고 있었다. 이 기간 동안 신령버섯 진액을 사용하면서 환자들의 면역상태와 삶의 질을 조사했다. 그 결과 화학요법 부작용으로 나타나는 탈모증, 식욕상실, 정서안정, 체질허약 등의 증상이 개선되었다. 즉 복용 자에겐 NK cell(Natural Killer cell)의 활성화가 크게 증가했지만, 복용하지 않은 환자에겐 변화가 전혀 나타나지 않았다. 브라질의 Sorocaba대학교에서도 동일한 연구로 70명의 암환자에게 신령버섯 진액 0.4g을 1일 4차례에 걸쳐 복용케 했는데, 그 결과 NK cell이 크게 증가했다.

신령버섯은 유방암과 전립선암의 병력이 있는 가족들의 암 예방에도 큰 효과를 거두었다고 한다. 이밖에 항바이러스, 콜레스테롤저하, 혈당조절, 혈압조절, C형 간염 등의 치료에도 큰 효과가 있었다.

먹는방법

말린 아가리쿠스버섯 20~30g을 흐르는 물에 세척 후, 다시 찬물에 20~30분 정도 담가둔다. 그리고 물 2L에 넣어서 30~40분정도 달여 주면 아가리쿠스버섯 차가 된다. 차는 공복 혹은 식후에 마신다. 그 외에도 말린 아가리쿠스버섯을 우린 물로 밥을 지어먹어도 좋다.

싸리버섯

담자균문 균심아강 민주름버섯목 싸리버섯과 싸리버섯속
Ramaria botrytis (Pers.) Ricken

Dr's advice

이 버섯은 항종양, 항산화 작용을 통해 간장보호와 고혈압 물질억제, 항균 등에 작용한다. 가을에 활엽수림 밑의 땅위에서 단생 또는 무리지어 자라는데, 맛과 향이 매우 좋아 사람들이 애용하는 식용버섯이기도 하다. 버섯의 싸리가지 끝은 담홍색 또는 담자색이며, 다른 몸통부분은 백홍색을 띤다. 맛이 좋다고 무조건 많이 섭취하면 설사가 나타나기 때문에 조심해야 한다.

분포지역

한국, 오스트레일리아, 유럽, 북아메리카

서식장소/ 자생지

침엽수림, 활엽수림 내의 땅

크기

자실체 높이 7~12㎝, 너비 4~15㎝, 하반부 굵기 3~5㎝

생태와 특징

여름부터 가을에 걸쳐 침엽수림이나 활엽수림 내의 땅 위에서 자란다. 자실체의 높이는 7~12cm이고 너비가 4~15cm이다. 버섯의 밑쪽은 굵기가 3~5cm정도이고 흰색 자루는 토막과 흡사하게 생겼으며, 위쪽에서 분지가 되풀이 된다. 가지는 점차적으로 가늘고 짧아지면서 끝이 가늘다. 작은 가지는 위에서 보면 생김새가 마치 꽃 배추와 닮았다. 가지 끝은 담홍색 또는 담자색이며, 매우 아름답다. 끝을 제외하고는 흰색이지만 오래되면 될수록 황토색으로 변한다. 포자는 14~16×4.5~5.5μm로 긴 타원형이고 표면에는 세로로 작은 주름이 나 있으며, 포자문은 담황백색이다.

약용, 식용여부

식용이 가능하지만, 약용으로도 항종양, 항돌연변이, 항산화, 간 손

상보호 등에 효능이 있다.

성분

싸리버섯은 항종양, 항산화 작용을 통한 간장보호 작용 외에도 고혈압 물질 억제, 항균작용이 있다. 비타민B2, 비타민C, 프로비타민D2, 유리아미노산, 지방산, 미량 금속원소 등이 함유되어 있다.

한의학적 효능

성분작용으로 대장결정암, 각종 함암, 알츠하이머, 독소제거, 하제, 당뇨, 비만 등에 작용한다고 한다. 열량이 매우 낮고 수분과 섬유소가 풍부하여 다이어트에 일품이다. 또한 동맥경화증예방으로서 섬유서 함량이 높아 혈중 콜레스테롤을 낮추는데 도움이 된다.

항암효과와 약리작용(임상보고)

쥐의 실험을 통해 항종양 효과가 나타났는데, sarcoma 180암과 Ehrlich 복수암에 대한 억제율이 60~70%정도였다. 항그람양성균인 Salmonella typhi에 대한 억제작용과 혈장콜레스테롤에 대한 증가 작용도 나타났다. 자실체에 아미노산의 일종인 nicotianamine성분이 있는데, 이것은 앤지오텐신을 억제해준다. 즉 앤지오텐신은 체내의 고혈압 인자(혈관을 수축시켜 혈압을 높임)인 앤지오텐시노겐에서 생산된다. 이에 따라 nicotianamine성분은 심혈관질환 치료에 매우 유효한 성분이기도 하다. 2003년 한국의 Kim, H.J와 Lee, K.R 등은 싸리버섯 메타놀 추출물에서 동식물세포를 통해 호흡에 중요한 촉매제 역할을 해주는 색소인 단백질 사이토크로뮴과 항산화 작용을 통해 간장보호 작용이 있다는 것을 알아냈다.

먹는 방법

과일 향기와 닭고기의 흰살 맛이 나며, 뿌리덩어리 부분을 잘게 썬 것은 씹히는 맛이 전복과 비슷하다. 그러나 모양이 비슷한 노랑싸리버섯(R.flava)이나 붉은싸리버섯(R.formosa) 등은 자실체의 색이 노란색과 붉은색으로 설사·구토·복통을 일으키는 독버섯이다. 맹독성은 아니라도 과식하면 위장장애 현상이 나타난다. 하루 이상 소금과 담그어 독성과 소금기를 뺀다.요리 전에는 미리 꺼내어 맑은 물에 담가두어 소금기를 제거한 뒤 요리한다. 숙회, 볶음, 무침, 조림, 찌개, 전골 등으로 먹는다.

손질 및 보관법

❶. 잘 다듬어 끓는 물에 소금을 약간 넣어 데친다.

❷. 데친 ❶를 곧바로 찬물에 헹군 다음 물에 담가 놓는다.

❸. 3~4일 동안 매일 물을 갈아주면서 우려낸다.

❹. 소쿠리에 건져, 버섯 반 왕소금 반으로 항아리에 재운다.

❺. 먹기 전에 염장해 둔의 소금기를 씻어낸 다음, 한 번 더 삶는다.

❻. ❺를 물에 며칠 동안 담가 소금기를 완전히 제거한다.

쓰가 불로초

담자균류 구멍장이버섯목 불로초과의 버섯
Ganoderma tsugae Murr.

Dr's advice

쓰가불로초 버섯은 항종양(항암), 항산화, 항염증, 간 보호, 면역조절과 면역증강 작용 외에도 만성피부궤양, 풍습관절염, 신경쇠약 등을 치료하는 것으로 알려지고 있다. 이밖에 중금속제거에도 유용한 버섯으로 알려져 있다.
더구나 이 버섯은 영지의 복합체인데, 포괄적인 의미로서는 영지의 한 종류라고 할 수 있다. 생김새도 영지(불로초)와 매우 흡사하기 때문에 더 깊은 연구가 필요하다.

생태와 특징

종명인 Ganoderma가 의미하는 것처럼 자실체표면에 광택이 있기 때문에 영어속명이 Varnished Conk, Glossy Ganoderma, Hemlock Varnished Self 등으로 불린다. 즉 두 가지 속명 모두 '번쩍이는 광택이 있다'는 말이 들어 있다. 우리와 달리 중국에서는 이 버섯을 '소나무 영지라'는 의미에서 송삼영지(松杉靈芝)라고 부른다. 따라서 소나무보다 침엽수인 전나무, 솔송나무 등에서 발견되며, 활엽수에서는 전혀 자라지 않는다. 하지만 미국 서부지역에서는

침엽수의 사촌인 낙엽송(Western Larch), 캐나다의 British Columbia에서는 종종 더글러스 전나무(美松)에도 자라는 경우가 있다.

이 버섯은 영지보다 더 큰데, 지금까지 발견된 것 중 가장 큰 것은 지름이 무려 1.5m였다. 시중에서 볼 수 있는 것은 지름이 보통 20 ㎝ 정도의 크기다. 이 버섯 역시 유균일 때는 조직자체가 말랑말랑해 칼로도 쉽게 채취할 수 있다. 이때 채취한 버섯의 가장자리를 칼로 베어낸 다음 잘게 썰어 버터에 볶아 먹으면 맛이 일품이다. 하지만 많은 사람들이 약용으로만 사용했던 탓에 볶아 먹는 것에 익숙하지 않다.

매년 5월초부터 자라기 시작해 6월 중순경이면 성숙된다. 이때가 적절한 채취시기인데, 이 시기를 놓쳐 7월이 되면 벌레가 들끓어 약용으로서의 가치가 없어진다. 채취한 버섯은 곧바로 잘게 썬 다음 햇볕에 말려야 한다. 이렇게 하지 않으면 버섯이 상하면서 악취와 함께 약성이 떨어진다.

성분
영지의 주성분은 가노데릭산 B, 가노데릭산 C2, 트리터페노이드

등인데, 이 버섯에도 함유되어 있다. 특히 가노데릭산 B는 탄소 4염화물 유도 간장독성에서 간을 보호해주는 활성화 성분이다. 즉 항간암 성분으로 쥐의 실험에서 밝혀졌다. 자실체에 함유된 다당류 7종은 쥐의 실험에서 sarcoma 180암에 대한 강력한 항종양 활성화를 보여줬다. 이 가운데 수용성 다당류는 좀 더 강력한 항종양 성분으로 밝혀졌는데, 95.1-100%의 종양 억제율과 함께 236.3-267.5%의 수명 연장율을 보였다.

쓰가불로초 균사 추출물을 1-50mg/kg비율로 쥐에게 투입했다. 그 결과 항바이러스성 단백질인 혈청 인터페론수치가 상당히 상승했고 비장(지라)의 자연살상(NK) 세포의 활성화도 높아졌다. 이밖에 함유된 쓰가릭산 C, tsuarioside B와 C, 면역조절 단백질 FIP-gts도 최근에 정제되었다고 한다.

항암효과와 약리작용(임상보고)

이 버섯의 성분조사에서 의약성분도 검증되었다. 쓰가불로초 추출물을 흰쥐를 통한 실험에서 sarcoma 180과 선종(adenoma 755)의 성장을 억제했다. 쓰가불로초 가성소다 추출물은 sarcoma 180 종양에 77.8%의 억제율, Ehrlich 복수암에 70%의 억제율을 나타냈다. 1997년 E.J. Park 등은 쓰가불로초 균사체에서 추출한 트리테르페노이드가 간 보호기능에 유효하다는 것을 알아냈다. 같은 해 Wen-Huei Lin 등은 면역조절 단백질을 찾아냈다. 또 쓰가불로초 알코올 추출물에서는 활성항산화 성분을 발견했고, 균사체에서 추출한 다당류 F10-6이 면역증강과 항염증에 유효한 성분이라는 것도 밝혀냈다. 이밖에 쓰가데릭산 B 역시 항염증과 항산화에 유용한 물질로 밝혀졌다.

쓰가불로초 자실체 찌꺼기를 가성칼리와 소디움 하이포클로라이드

와 함께 섞어 백색의 떡밥을 만든 다음 걸러서 냉동 건조시켜 sacchachitin을 만들었다. 2001년 대만의과대학 Hung 등은 몸무게 당 0.001%의 sacchachitin시약을 활용해 sacchachitin요법을 만성피부궤양 환자 47명에게 6개월 동안 시행한 결과 치료효과가 85%였다. 이와 함께 결합조직 형성세포인 섬유아세포의 증식과 확산도 관찰되었다.

먹는 방법

만성간염일 때 영지와 함께 넣어 달인 물을 2주 동안 매일 마시고 그 다음 3일은 쉬고를 반복해 마시면 된다.

솔버섯

주름버섯목 송이과의 버섯
Tricholomopsis rutilans (Schaeff.) Sing.

분포지역

한국, 북한, 일본, 중국, 유럽

서식장소 / 자생지

침엽수의 썩은 나무 또는 그루터기

크기

버섯 갓 지름 4~20㎝, 버섯 대 길이 6~20㎝, 굵기 1~2.5㎝

생태와 특징

북한명은 붉은털무리버섯이다. 여름부터 가을까지 침엽수의 썩은 나무 또는 그루터기에 뭉쳐서 자라거나 한 개씩 자란다. 버섯 갓은 지름 4~20㎝로 처음에 종 모양이다가 나중에 편평해진다. 갓 표면은 노란색 바탕에 어두운 붉은 갈색 또는 어두운 붉은색의 작은 비늘조각으로 덮여 있고 연한 가죽과 같은 느낌이 든다. 주름살은 바른주름살 또는 홈파진주름살로 촘촘하며 노란색이고 가장자리에는 아주 작은 가루 같은 것으로 덮여 있다. 버섯 대는 길이 6~20㎝, 굵기 1~2.5㎝로 뿌리부근이 약간 더 가늘고 노란색 바탕에 적갈색의 작은 비늘조각으로 덮여 있다.

약용, 식용여부

식용하기도 하지만 설사를 일으킬 수 있기 때문에 주의해야 한다.
항산화 작용이 있다.

연잎낙엽버섯

담자균류 주름버섯목 송이과의 버섯
Marasmius androsaceus

분포지역

한국, 유럽

서식장소 / 자생지

활엽수림의 토양 속

크기

자실체 크기 3~10cm

생태와 특징

여름에서 가을까지 잡목림 속의 낙엽이나 말라 죽은 가지 위에 자란다. 버섯 갓은 지름 5~10mm의 얇은 막질로서 처음에 반구 모양이다가 둥근 산 모양으로 변하고 나중에 편평해지며 가장자리가 뒤집힌다. 갓 표면은 건조할 때 붉은 갈색 또는 검은 갈색이며 자주색을 나타내기도 있는데, 털이 없고 방사상의 주름이 있다. 살은 흰색이다. 주름살은 바른주름살로 성기며 2갈래로 갈라지고 처음에 흰색이다가 나중에 살구 색으로 변한다. 버섯 대는 길이 3~6cm로 실 모양이고 검은색 또는 검은빛을 띤 붉은 갈색이다. 버섯 대 속은 비어 있으며 균사다발이 있다. 홀씨는 7~9×3.5~4㎛로 달걀 모양이며 밋밋하고 홀씨 무늬는 흰색이다.

약용, 식용여부

식용과 약용할 수 있다.

애잣버섯(애참버섯 개칭, 속 변경)

담자균문 구멍장이버섯목 구멍장이버섯과 잣버섯속의 버섯
Lentinus strigosus(Schwein.) Fr. Panus rudis Fr. (개칭, 속 변경)

Dr's advice

애잣버섯은 활엽수인 버드나무, 자작나무, 포플러 등의 그루터기에서 자란다. 약간 보라색을 띤 솜털이 많아 털이 있는 느타리버섯과 흡사하다. 식용할 수 있지만, 너무 질겨서 씹기가 곤란하다.

분포지역

한국(방태산, 속리산) 등 전세계

서식장소/ 자생지

활엽수의 죽은 나무나 그루터기

크기

버섯갓 지름 1.5~5cm, 버섯대 굵기 0.4cm, 길이 0.5~2cm

생태와 특징

북한명은 거친털마른깔때기버섯이다. 초여름부터 가을까지 활엽수의 죽은 나무나 그루터기에 뭉쳐서 자라거나 무리를 지어 자란다. 버섯갓은 지름 1.5~5cm로 처음에 둥근 산 모양이다가 나중에 깔때기 모양으로 변

한다. 갓 표면은 처음에 자줏빛 갈색이지만 차차 연한 황토빛 갈색으로 변하며 전체에 거친 털이 촘촘히 나 있다. 살은 질긴 육질 또는 가죽질이다. 주름살은 내린주름살로 촘촘하고 폭이 좁으며 처음에 흰색이다가 나중에 연한 황토빛 갈색 또는 자주색으로 변하며 가장자리가 밋밋하다.

약용, 식용여부

어릴 때는 식용한다. 민간에서는 부스럼 치료에 이용되기도 한다.

항암효과와 약리작용(임상보고)

이 버섯류에서 추출한 성분 panepoxydone은 암 세포를 공격한다. 이밖의 성분들은 에르고스테롤, 스티그마스테롤, 베타 시토스테롤 등이다. 약리작용으로는 항종양에 유용한데, sarcoma 180에 대한 억제율이 60%, Ehrlich 복수암에 대해 79%의 억제율을 나타냈다. 더구나 이 버섯에서 추출한 성분 hyponophilin은 라틴아메리카에서 빈번하게 발생되는 잠자는 질병 샤가스병(Chagas Disease)의 원인인 유기체(organism)를 상당히 억제해준다. 즉 미량으로도 사람의 면역조절 백혈구에 가벼운 영향을 준다.

양송이

담자균류 주름버섯목 주름버섯과의 버섯
Agaricus bisporus(J.Lange)Imbach

Dr's advice

예로부터 한국과 중국에서 산모의 젖이 부족할 때 많이 사용됐다. 중국전통의
학에서 양송이는 체력조절과 가래를 제거하는데 사용해왔다. 또 소화를 돕고
식욕증진에 유용하기 때문에 국으로 끓여 먹기도 했다.

원산지
전세계
서식장소 / 자생지
풀밭
크기
버섯 갓 지름 5~12cm, 버섯 대 4~8cm×1~3cm

생태와 특징
서양송이, 머시룸이라고도 하며 북한명은 볏짚버섯이다. 여름철 풀
밭에 무리를 지어 자란다. 버섯 갓은 지름 5~12cm이고 처음에 거의

공 모양에 가깝지만 점차 펴져서 편평해진다. 갓 표면은 흰색이며 나중에 연한 누런 갈색을 띠게 된다. 살은 두껍고 흰색이며 흠집이 생기면 연한 홍색으로 변한다. 주름살은 끝붙은주름살로 촘촘하며 어린 것은 흰색이다가 점차 연한 홍색으로 변하고 발육됨에 따라 검은 갈색으로 변한다.

버섯 대는 4~8cm×1~3cm로 흰색이며 속이 차 있다. 어렸을 때는 밑동이 불룩하고 성장함에 따라 위아래의 굵기가 같게 된다. 버섯 대 고리는 흰색 막질이다. 홀씨는 6.5~9×4.5~7㎛로 넓은 타원형이며 담자세포에 2개씩 붙는다. 세계 각국에서 널리 재배하는 식용 버섯으로 여러 품종이나 변종이 있다.

약용, 식용여부

한국의 양송이 재배는 1960년대부터 시작되어 중부이남지역에서 널리 재배하며, 주로 봄, 가을 2기작이 실시되고 있으며, 통조림으로 가공 수출되거나 생 버섯으로 국내에 시판되고 있다.

성분

양송이에는 단백질, 탄수화물, 칼슘, 인, 철, 비타민 등의 영양소가 골고루 함유되어 있다. 특히 비타민D와 타이로시나제, 엽산, 전분이 함유돼 혈압, 당뇨, 빈혈 등에 효과가 있다. 버섯의 식용가치는 단백질 함유량으로도 판단하는데, 양송이는 필수아미노산의 함량이 육류나 다른 채소보다 높다. 이 때문에 표고·느타리와 함께 대표적인 저열량 고단백식품으로 인정받고 있다. 또 양송이에 많은 비타민 B는 요즘처럼 자외선이 강한 날씨에 거칠어진 피부를 좋게 한다. 또한 면역기능을 활성화시켜 암세포의 활동을 억제하는 베타글루칸이 풍부하고, 특히 비타민B가 버섯 중에 가장 많아 양송이버섯 5~6개면 하루 필요량을 보충할 수 있다. 맛이 달고 성질이 순한 양송이는 소화를 돕고 정신을 맑게 하며 고혈압을 예방하고 치료한다.

양송이 갓 껍질에는 소고기, 달걀, 연어, 간에 포함되어 있는 것과 같은 비타민 B12가 상당량 포함되어 있다. 또 양송이와 포르토벨라에는 항산화 성분이 맥아보다 12배나 많이 들어 있다.

양송이에는 유리아미노산 29종, 에고스테롤, 포화지방산 11종, 불포화지방산 9종, 비타민 B1, B2, C, D, 니아신, 당단백, 혈구응집 성분 등이 들어 있다고 한다. 이밖에 1-octane-3ol, 휘발성향기성분 6종 등을 비롯해 콜레스테롤저하 성분인 eritadenine, 항암, 항균, 림프구 유약화 억제 등의 성분과 함께 식물생장 호르몬도 들어 있고 한다.

한의학적 효능

약리작용으로는 항종양, 콜레스테롤 저하, 혈압강하, 항그람양성균, 항그람음성균, 담배모자이크 바이러스(TMV)의 식물감염을 저해 등에 작용한다. 따라서 고혈압, 신경쇠약, 전염성 간염,

양송이

양송이에는 아가리틴이란 발암성 히드라진 성분이 함유되어 있다. 즉 쥐의 실험결과 신선한 생양송이 350g을 50년 동안 매일 섭취하면 암 발생에 대한 위험성이 유추되었다. 하지만 양송이를 7일 동안 보관해두면 발암성물질이 47%가 감소하고, 14일 동안 보관하면 76%가 감소된다는 실험결과도 있다. 익혔을 때는 25%가 감소했지만, 익힌다고 발암불질이 크게 감소한다는 것은 아니다. 결론적으로 무슨 음식이건 과식은 좋지 않기 때문에 적당량을 섭취하는 것이 좋다. 어쨌든 아무리 신선해도 생으로 양송이를 섭취하는 것은 옳지 않다.

소화불량, 산부유즙부족 치료 등에 활용된다. 그리고 홍역, 기침, 딸꾹질 등의 치료에 사용되고 말린 양송이는 당뇨치료와 혈당을 낮추고 인슐린분비 저하를 막아준다. 이밖에 양송이 가루는 마늘냄새와 입 냄새를 감소시켜준다. 또 위장기능의 개선과 통변, 청혈, 간과 콩팥 해독작용 등에 유용하다.

항암효과와 약리작용(임상보고)

양송이에 들어 있는 다당류와 PA3DE성분은 위궤양과 위장계통의 암에 원인이 되는 헬리코박터균을 억제한다. 그람양성균과 그람음성균 등을 억제해준다. 호르몬에 민감한 세포가 있는 유방암과 전립선암을 억제해주는 항암성분도 들어 있다. 어떤 암 연구기관에서 폐경전후의 여성 2,018명을 대상으로, 이 가운데 유방암 진단을 받은 여성과 건강한 여성들로 나누어 매일 신선한 양송이 10g, 말린 양송이 4g을 섭취하게 했다. 그 결과 신선한 양송이를 섭취한 쪽은 유방암 위험도가 64% 감소되었고, 말린 양송이를 섭취한 쪽은 전자보다 약간 낮은 감소 효과가 나타났다.

양송이를 무흉선증 쥐(athymic mice)에게 실험한 결과 종양세포의 증식과 확산을 저지함과 동시에 종양세포의 사멸까지 유도했다. 또 면역체계를 활성화시켜 바이러스와 박테리아의 침입을 방어했다.

먹는 방법

만성 간염일 때는 영지를 가미해 달인 물을 2주간 동안 매일 마신 다음 3일을 쉬고 또다시 반복해 마시면 된다.

소화불량일 때는 신선한 생양송이 150g을 물로 달이거나 볶아 먹는다.

고혈압일때는 신선한 생양송이 180g을 물로 달여 1일 2회 마신다.

오렌지밀버섯(애기버섯 개칭, 속 변경)

담자균문 주름버섯목 낙엽버섯과 밀버섯속의 버섯
Gymnopus dryophilus (Bull.) Murr.

분포지역

한국, 북한(백두산) 등 전세계

서식장소/ 자생지

숲 속의 부식토 또는 낙엽

크기

버섯갓 지름 1~4cm, 버섯대 굵기 1.5~3mm, 길이 2.5~6cm

생태와 특징

굽은애기무리버섯이라고도 한다. 봄부터 가을까지 숲 속의 부식토 또는
낙엽에 무리를 지어 자란다. 버섯갓은 지름 1~4cm로 처음에 둥근 산 모양
이다가 나중에 거의 편평해지며 가장자리가 위로 뒤집힌다. 갓 표면은 밋
밋하고 가죽색, 황토색, 크림색이지만 건조하면 색이 연해진다. 주름살은
올린주름살 또는 끝붙은주름살로 촘촘하고 폭이 좁으며 흰색 또는 연한 크
림색이다.

버섯대 표면은 버섯갓과 색이 같고 밋밋하며 속이 비어 있다. 한국, 북한
(백두산) 등 전세계에 분포한다.

약용, 식용여부

식용버섯이나 사람에 따라 약한 중독을 일으킬 수 있다.
약용으로 항염증 작용이 있다.

왕그물버섯

주름버섯목 그물버섯과의 버섯
Boletus edulis

분포지역

북한(금강산, 백두산), 일본, 중국, 유럽, 북아메리카, 오스트레일리아, 아프리카

서식장소 / 자생지

혼합림 속의 땅

크기

버섯 갓 지름 7~22cm, 버섯 대 지름 1.2~3cm, 길이 7~12cm

생태와 특징

여름에서 가을까지 혼합림 속의 땅에 무리를 지어 자라거나 한 개씩 자란다. 버섯 갓은 지름 7~22cm로 처음에 거의 둥글지만 나중에 펴지면서 만두 모양으로 변한다. 갓 표면은 축축하면 약간 끈적끈적하고 거의 밋밋하며 밤색, 어두운 밤색, 붉은밤색, 누런밤색 등이다. 대개 가장자리는 색깔이 연하다. 살은 두꺼우며 흰색 또는 누런색이고 겉껍질 밑과 관공 주위는 붉은빛을 띠는데 공기에 닿아도 푸른색으로 변하지 않는다. 버섯 대 표면은 전체적으로 특히 윗부분에 흰색을 띤 그물무늬가 있으며 밑부분에 흰색의 부드러운 털이 있다.

약용, 식용여부

식용하거나 약용할 수 있다.

양털방패버섯

담자균문 무당버섯목 방패버섯과 방패버섯속의 버섯
Albatrellus ovinus(Schaeff.) Kotl. & Pouzear

Dr's advice

방패버섯속의 모든 종류들은 니켈을 흡수해 축적하는 성질을 가지고 있다. 스웨덴의 어느 산업단지주변을 조사한 결과, 방패버섯 1kg(약 2.2파운드)당 0.72 mg의 니켈이 축적되어 있다는 사실을 발표했다. 또한 셀레니움도 축적되어 있다.

생태와 특징

성분

이 버섯에는 에스터를 가수분해하는 효소인 카르복실 기(基) 에스트라아제(carboxyl esterase)와 단백질분해효소인 프로테아제, 녹말을 당화시키는 효소인 아밀라아제 등이 들어 있다. 이 가운데 프로테아제는 치즈를 만들거나, 고기를 부드럽게 해 맛을 더해주거나, 혈전과 염증질환 등을 치료하는 데 유용하게 쓰인다.

항암효과와 약리작용(임상보고)

방패버섯 속 버섯에는 콜레스테롤을 방어해주는 강한 항산화물질인 그리폴린, 네오그리폴린 등이 함유되어 있다. 이 물질들은 체내의 콜레스테롤을 저하시키는 것보다 콜레스테롤이 체내로 흡수되는 것을 예방해준다. 이밖에 항균, 항염, 항암 등에 작용하기 때문에 의약적으로도 매우 우수한 화학성분들을 지니고 있다. 그리고 scutigeral과 항균물질 ilicicolin B, ovinal, ovinol, grifolic acid 등도 들어 있다.

버섯 균사체에 함유된 다당류는 Sarcoma 180과 Ehrlich암 세포에 대해 100%의 저지율을 보였다. 이밖에 여러 종류의 암 세포들을 억제하거나 감소시키는 효과도 있다. 예를 들면 유방암, 대장암, 코와 인두에 나타나는 비인두암, 자궁경관암, 백혈병, 버킷림프종(아프리카 어린이들에게 많이 발생함), marmoset B lymphblastoid 등의 암 세포를 억제하거나 감소시킨다. 또 grifolin성분은 골육종 암세포를 억제하거나 감소시킨다.

유산된외대버섯(한국 미기록 종)

Entoloma abortivum(Burk. & M.A. Curtis) Donk

Dr's advice

외대버섯속 버섯들은 대체적으로 독버섯인데, 오로지 유산된외대버섯만 식용할 수가 있다. 식용할 때는 솜뭉치처럼 변형된 것만 채취해야 안전하다.

생태와 특징

이 버섯주변에는 항상 뽕나무버섯이 자라는데, 이에 영향을 받아 발육부전을 일으킨다고 한다. 예를 들어 뽕나무버섯이 자랄 시기에 산에서 가끔 흰 솜뭉치처럼 생긴 덩어리를 보게 된다. 처음에는 이런 모양 때문에 임시로 붙여진 이름이 솜뭉치버섯이었다. 하지만 시간이 흐른 뒤 뽕나무버섯의 균사가 영향을 끼쳐 유산된외대버섯이 발육부전을 일으켜 솜뭉치처럼 된다는 비밀을 알았던 것이다. 간단하게 정리해보면, 뽕나무버섯의 영향으로 외대버섯이 유산된 것이다. 원래의 모습은 회갈색 갓에 분홍색 주름살과 흰 대를 가진 극히 평범한 식용버섯이다. 이 버섯은 미국 동부지역에서 흔히 발견된다.

외대버섯속 버섯들은 대체적으로 독버섯인데, 오로지 유산된외대버섯만 식용할 수가 있다. 식용할 때는 솜뭉치처럼 변형된 것만 채취해야 안전하다.

항암효과와 약리작용(임상보고)

이 버섯은 항종양에 작용하는데, Sarcoma 180과 Ehrlich 복수암에 대한 90%의 억제율을 나타냈다. 1973년 Ohtsuka 등은 다른 외대버섯속 버섯들 중에 독버섯으로 알려진 방패외대버섯[Entoloma clypeatum(L.) P.Kumm.]과 외대버섯[Entoloma sinuatum(Bull.) P. Kumm.]은 다양한 암 종류에 대해 100%의 억제율을 보인 연구 결과도 발표되었다.

이끼살이버섯

담자균류 주름버섯목 송이과의 버섯
Xeromphalina campanella (Batsch) Maire

Dr's advice

폴리사카리드(항종양)가 함유되어 있으며 종양을 억제하는 효능이 있는 목재분
해균이다.

분포지역
한국(오대산, 지리산, 한라산), 북한(백두산) 등 북반구 일대
서식장소 / 자생지
숲 속의 죽은 침엽수
크기
버섯 갓 지름 0.8~2.5cm, 버섯 대 굵기 0.5~2mm, 길이 1~5cm

생태와 특징
북한명은 밤색애기배꼽버섯이다. 여름부터 가을까지 숲 속의 죽은
침엽수에 무리를 지어 자란다. 버섯 갓은 지름 0.8~2.5cm로 종 모양
이나 둥근 산 모양이다가 가운데가 파이며 갓 표면이 밋밋하다. 살

은 노란색이고 주름살은 내린주름살로 성긴 편이다. 버섯 대는 굵기 0.5~2mm, 길이 1~5cm로 각질이나 연골질이고 윗부분은 노란색, 아랫부분은 갈색이다. 홀씨는 6~7.5×3~3.5μm로 좁은 타원형이다. 목재부후균이다.

약용, 식용여부
식용할 수 없다.

항암효과와 약리작용(임상보고)
침엽수에서 자생하는 버섯을 Xeromphalina campanella(Batsch.) Maire.라고 부르며, 활엽수에서 자생하는 버섯을 Xeromphalina kauffmanii라고 부른다. 모두 항종양에 작용을 한다. 또한 폴리사카리드(항종양)가 함유되어 있어 종양을 억제해주는 효과도 있다.

은행잎버섯(은행잎우단버섯)

진정담자균강 주름버섯목 우단버섯과 우단버섯속

Tapinella panuoides (Batsch) E.-J. Gilbert (= Paxilus panuoides)

분포지역

한국, 중국, 일본, 유럽, 북미, 오스트레일리아, 아프리카

서식장소/ 자생지

소나무의 그루터기나 목조건물

크기

버섯갓 지름 2.5~10cm

생태와 특징

여름부터 가을에 침엽수의 고목에 군생하는 갈색부후균이다. 갓은 반원형
또는 부채형, 심장형이고 털이 없으며 크기가 2.5~10cm이다. 갓 표면은 담
갈색~황갈색으로 처음에는 미세한 벨벳상의 털이 있으나 나중에는 탈락
하여 평활하게 되고, 가장자리는 말린형이다. 주름살은 갓보다 진한 색이
고 황색 또는 등황색으로 오래되면 올리브색을 띠며, 약간 밀생하고 방사
상으로 배열하며 맥이 압축되어 불규칙하게 여러 번 갈라지고 측면에 분명
한 세로줄무늬가 있다.

포자는 크기 4.5~6×3~3.4㎛이고, 원형 또는 약간 원주형이고, 포자문
은 담갈색이다.

약용, 식용여부

독성분이 있어 위장장애를 일으킨다. 황산화, 신경세포 보호 작용이 있다.

이끼꽃버섯

담자균류 주름버섯목 벗꽃버섯과의 버섯.
Hygrocybe psittacina (Schaeff.:Fr.) Wunsche

분포지역

한국, 북반구 온대

서식장소/ 자생지

밭, 숲속의 땅

크기

갓 지름 1~3.5cm, 자루 길이 3~6cm, 굵기 1.5~4mm

생태와 특징

갓은 지름 1~3.5cm로 원추형에서 볼록편평형이 된다. 갓 표면은 처음에는 녹색의 두꺼운 점액층으로 덮여 있으나, 갓이 커짐에 따라 황록색, 갈색, 황색으로 변하고, 가장자리는 녹색선을 나타며, 습할 때는 방사상 조선이 있다. 주름살은 완전붙은형~끝붙은형~올린형이고 성기며, 황색이다. 대는 3~6×0.2~0.4cm로 원통형이고, 표면은 처음에는 녹색의 점액으로 덮여 있으나 차츰 기부로부터 마르면서 담황색 바탕이 나타난다. 포자는 6~8×4~5μm로 타원형이며, 표면은 평활하고, 포자문은 백색이다. 여름~가을에 풀밭, 임지 내의 땅 위에 군생 또는 산생한다.

약용, 식용여부

전에는 식용으로 분류하였으나, 독성이 발견되어 현재는 독버섯으로 구분하고 있다. 약한 환각성 성분이 함유되어 있다.

전나무끈적버섯아재비

끈적버섯과 전나무끈적버섯속
Cortinarius semisanguineus(Fr.) Gillet

분포지역
한국 등 북반구 온대이북에서 아한대
서식장소/ 자생지
침엽수림의 땅
크기 자실체 2.5~4cm
생태와 특징
갓은 처음에 종형이다가 반반구형을 거쳐 거의 편평형이 되지만 갓 중앙
에 흔히 커다란 배꼽이 있다. 갓 색깔은 황토색–적갈색이고 가장자리로 갈
수록 색깔이 엷어진다. 갓 표면은 매끄러운 편이다. 살은 황백색에서 황토
색이며 냄새는 별 특이한 것이 없고 맛은 다소 쓰기도 하다. 주름살은 대에
붙은형이고 빽빽하며 진한 녹슨 붉은색 또는 혈홍색이며 포자색은 녹슨 갈
색이다. 대는 다소 아래 위의 굵기가 같고 담황색에서 갈색인데 인데 위쪽
은 희고 기부는 약간 붉은색이며 표면은 가는 섬유상이다. 여름과 가을에
걸쳐 침엽수림이나 혼합림 땅위에, 특히 이끼 위에 단생, 산생 그룹으로 또
는 다발로 돋는 균근균이다.

약용, 식용여부
독버섯일 가능성이 많아 식용할 수는 없지만, 훌륭한 천연 염색용 버섯이다.

잎새버섯

담자균류 민주름버섯목 구멍장이버섯과의 버섯
Grifola frondosa

Dr's advice

이 버섯은 종양세포의 성장을 늦춰 암의 확산이나 전이를 막아준다. 실험을 통해 잎새버섯에서 추출한 액이 폐암과 위암환자들의 건강을 향상시켰다. 더구나 화학요법의 부작용을 대폭 줄여주고 전립선암 세포증식을 억제해 준다.

분포지역

한국, 일본, 유럽, 미국

서식장소 / 자생지

활엽수의 밑동

크기

버섯 갓 폭 2~5cm, 두께 2~4mm

생태와 특징

북한명은 춤버섯이다. 여름과 가을에 활엽수의 밑동에 무리를 지어 자란다. 자실체는 여러 갈래로 가지를 친 버섯 대의 가지 끝에 작은 버섯 갓이 무수히 많이 모여 집단을 이루는 복잡하고 큰 버섯덩이이다. 버섯 갓은 폭 2~5㎝, 두께 2~4㎜이며 반원 모양 또는 부채 모양이다. 갓 표면은 처음에는 검은색이다가 짙은 재색 또는 회갈색으로 변한다. 살은 육질이고 흰색이며 건조하면 단단해지고 부서지기 쉽다. 갓 아랫면의 관공은 흰색이고 버섯 대에 내려붙는다. 버섯 대는 밑부분으로 갈수록 굵어지고 표면이 흰색이다. 홀씨는 타원 모양이고 밋밋하며 홀씨 무늬는 흰색이다. 백색부후균으로 나무에 부패를 일으킨다.

약용, 식용여부

참나무 톱밥을 이용한 인공재배법이 개발되었으며 맛과 향기가 좋아 식용할 수 있다.

성분

풍부한 베타글루칸 성분은 혈압, 포도당, 인슐린, 피지질에 대한 조절에 효과가 있다. 다시 말해 당뇨병과 저혈당증상에 효능이 있다는 것이다. 더구나 인슐린의 내성을 줄여주고 인슐린의 감응성을 증강시켜준다. 또 혈압을 낮추는데 효과가 있었다. 즉 고혈압환자를 대상으로 500㎎짜리 잎새버섯 환을 1일 2회씩 복용시켰다. 그 결과 혈압이 내려간 것으로 조사됐다.

한의학적 효능

전통중국의약에서 이 버섯은 면역력을 향상시키는 것으로 알려져 있다. 가장 효능적이고 풍부한 성분은 베타글루칸인데, 이 성분은 대식세포의 활성화를 통해 면역력을 향상시켜 준다.

항암효과와 약리작용(임상보고)

잎새버섯은 중국전통의학이나 일본전통의학에서도 여러 질병 치료에 사용하였다. 특히 옛날 중국에서 이뇨, 해열, 임질 치료에 잎새버섯을 사용하였다. 위와 비장 질환의 호전을 위하여 또 치질치료에도 잎새버섯을 이용하였다. 또 신경통, 중풍 및 여러 형태의 관절염 치료에는 물론 신경과 마음의 안정을 위해서도 잎새버섯을 사용하였다고 한다.

약용 가치가 높아 항암작용, 혈압강하, 당뇨병, 비만치료(다이어트), 혈중 콜레스테롤감소, 항균작용, 이뇨작용, 강장작용, 항빈혈작용 등에 효능이 있다.

또한 건강식품으로 개발돼 오래 전부터 시판되고 있으며, 현재까지 장기복용으로 인한 부작용 사례가 없다고 한다. 식품으로써 잎새버섯은 수분이 생 중량의 91%를 차지하고 단백질과 탄수화물이 주성분이다. 섬유질 · 비타민 B1과 B2를 포함하고 있으며 에르고스테롤(프로비타민 D)도 존재한다. 잎새버섯은 송이보다도 단백질과 비타민이 많은 고급 버섯이다.

먹는 방법

일주일에 3~5번 잎새버섯을 음식으로 섭취하든지 차로 끓여 마시면, 암 예방, 면역력 증강, 화학요법 중인 암환자나 AIDS바이러스에 감염된 환자의 체력 유지에 유효하다. 뿐만 아니라 혈당강하 작용으로 당뇨병 환자에게 유효하고 콜레스테롤 저하 작용으로 혈압환자에게도 좋은 버섯이다.

차가버섯(자작나무버섯)

담자균류 민주름버섯목 구멍장이버섯과의 버섯
Piptoporus betulinus

Dr's advice

이 버섯은 활성산소를 소거하는 SOD(항산화효소)와 면역기능을 강화하는 베타글루칸 성분이 아가리쿠스 또는 다른 버섯보다 수십 배 이상 들어 있음이 증명됐다. 따라서 미국에서는 이 성분을 '특수천연물질'로 분류해 미래식품으로 우주인들이 음용하는 상비식품으로 개발했다. 또 면역증강 효과에 따라 캡슐, 드링크 등을 비롯해 각종 건강보조식품으로 개발해 판매하고 있다. 일본에서는 간암 치료제와 AIDS(에이즈), O-157 등의 치료제로 널리 사용하고 있다.

차가버섯의 성분을 보면, 면역증진 물질인 AHCC, Polysaccharides, Polysaccharide-Peptide, Nucleosides, Triterpenoids 등이 풍부하다. 이 물질들은 신체의 면역을 담당하는 T-세포를 증대시켜 면역세포가 암세포를 죽인다. 또 면역력을 증대시켜 질병에 대한 자연치유력을 높이는 물질로도 밝혀졌다.

분포지역

한국, 일본, 필리핀 남부, 인도네시아, 북아메리카

서식장소 / 자생지

자작나무 등의 죽은 나무 또는 살아 있는 나무

크기

버섯 갓 지름 10~28㎝, 두께 2~5㎝, 버섯 대 3~13×6~22×2.5~7㎝

생태와 특징

북부 산악지대의 오래된 큰 자작나무 밑 둥에서 기생하여 혹이나 타원형, 긴 원주형으로 돋아나 검은색 또는 붉은 검은색을 띤다.

북한명은 봇나무송편버섯이다. 일 년 내내 자작나무 등의 죽은 나무 또는 살아 있는 나무 등에 자란다. 자실체는 두터운 혹 모양으로 착생한다. 어릴 때는 육질이 여러 갈래로 갈라지지만 건조할 때는 치밀하고 단단해진다. 버섯 갓은 지름 10~28㎝, 두께 2~5㎝로 신장 모양 또는 편평한 호빵 모양이다. 수평으로 난 버섯 대는 종 모양이며, 크기가 3~13×6~22×2.5~7㎝에 이른다. 버섯 갓 표면에는 매우 얇은 피막이 있고, 털과 둥근 고리무늬가 없이 민둥하며, 성숙하고 여럿으로 갈라진다. 버섯 갓 가장자리는 솜 같은 털로 되어 있고 구릿빛이며, 다소 안으로 굽어 있다. 아랫부분에 1㎝ 정도의 무성대(無性帶)가 있는 것이 특징이다.

살은 흰색이며, 보통 때는 육질이지만 마르면 코르크질이 된다. 구멍은 흰색으로 둥글거나 각이 져 있으며 1㎜ 사이에 평균 3~4개가 있고 구멍의 벽은 두껍다. 성숙한 것을 잘게 갈면 민둥한 버섯 갓의 살만 나타난다. 자실층의 표면은 언덕같이 봉긋하고, 길고 강한 털이 나 있으며, 털의 최대길이는 2㎜에 달한다. 홀씨는 4~5×1.5~2㎛로 원통형이고 굴곡이 져 있으며 빛깔이 없다. 목재부후균으로 갈색 부패를 일으킨다.

바람에 포자가 날아다니다가 나무껍질의 상처에 떨어져 균사가 된다. 균사는 점차 자라면서 목부까지 침투한다. 균사가 자란 목부는 썩어서 흰 즙이 생기면서 겉껍질에 혹처럼 자란다. 이 혹은 점차적

으로 자라 10~15년이 지나면 2~3kg의 덩어리가 된다.

자작나무 외에도 오리나무, 마가목 등에도 기생하지만, 이것은 약으로 사용하지 않는다. 인공적으로 자작나무에 포자를 심으면 나무 속에서 균사가 자라는데, 4년이 지나야 껍질밖으로 혹이 나온다.

약용, 식용여부

사시사철 채취가 가능한데, 유독 봄과 가을에 버섯이 잘 떨어진다. 채취한 버섯은 햇볕이나 50~60℃의 건조기에서 말려서 사용한다.

성분

구조가 매우 복잡한 색소물질들이 약 20&가 들어 있다. 이 물질들은 물에 풀리고 무기산에서는 앙금으로 가라앉는데, 물로 분해하면 방향족 옥시카르복시산으로 나온다. 구조는 지금까지 뚜렷하게 밝혀진 것이 없지만, 다가페놀카르복시산의 화합물로 추측된다. 그렇지만 색소물질은 동약을 구분하고 질을 평가하는 기준이 되기도 한다. 버섯의 물 추출액 100㎖에 20%의 염산 5~8㎖를 떨어드리면 앙금이 생긴다. 여기에 탄산수소나트륨을 넣어 pH 6.7~7.8로 해주면 앙금이 풀리면서 검은색으로 변한다. 이외의 성분으로는 아가리신

산, 트리테르페노이드인 이노토디올 C30H48O2(녹는점 191~192
℃, [α]D분의 15+56도), 플라보노이드, 회분 12.3%(망간이 많음), 수
지 등을 비롯해 미량의 알칼로이드까지 들어 있다.

화학성분으로는 항간균 성분인 Polyporenic A,B,C가 함유되어 있
고, 1, 3-beta-O-glucopyranan, B ergosta-7,22-dien-3-ol,
fungisterol, ergosterol, agaric acid, dehydrotumulosic acid 등
이 있다. 항구균 성분으로는 ungalinic acid, betulinic acid,
tumulosic acid, 4-methylmorpholine-N-oxide, methyl
sulfoxide로 용해되는 glucan, piptamine, 여러 종류의
lanostanoid 등이 함유되어 있다. 이밖에 지방산 9종, 아라비톨, 마
니톨, 글리세롤, 글루코스, trehalose, 옥살산 등도 함유되어 있다.

한의학적 효능

차가버섯은 예전부터 러시아와 동유럽에서 항암치료제로 사용되었
다. 더구나 러시아에서는 항암치료제를 비롯해 혈액을 맑게 해주는
강장제와 진통제로 사용했다.

이 버섯은 강력한 면역력강화기능으로 암의 치료를 도와준다. 또한
항암치료와 병행할 때 화학요법이나 수술 등으로 나타나는 부작용
과 고통을 크게 완화시켜준다.

1960년 미국국립암협회를 통해 오스트레일리아에서 차가버섯 추출
물로 암 치료에 성공했다는 사례가 보고되었다. 특히 초기의 위암,
폐암 치료에 효과가 우수했다. 더구나 독성이나 부작용이 전혀 없으
며, 각종 위장질환 치료에도 좋다.

차가버섯이 당뇨병에도 유용한데, 이것은 면역강화, 항바이러스, 혈
당강하 등에서 동시에 작용하기 때문이다. 더구나 균핵과 추출액이
혈당을 낮춰준다는 사실이 실험을 통해 증명되었다. 즉 이 버섯의

핵심성분인 베타글루칸이 혈당을 강하시켰다.

항암효과와 약리작용(임상보고)

자작나무버섯의 약리작용으로 우선 항종양 작용을 가지고 있다. 독일에서 실험한 바에 따르면 자작나무버섯 추출물은 sarcoma 180 종양 49.2%의 억제율을 보여주었고, 4% sodium hydroxide와 에타놀 precipitate 을 이 버섯 뜨거운 물 추출물에 첨가하였더니 72% 억제율을 보여주었다. 특히 펜타씨클릭 트리터핀(pentacyclic triterpenes)은 항종양 효과가 있다. 2002년 Kawagishi 등은 종양 형성에 관련된 효소 억제성분을 가진 새로운 hydroquinione를 발견하였다. 또 betulinic acid와 betulin 성분은 차가버섯이나 다른 항암작용이 있는 버섯과 마찬가지로 흑생종 피부암 (melanoma cancer) 세포를 파괴하였는데 다른 건강한 세포에는 별 영향을 미치지 않았다고 한다. 또한 항균, 항바이러스 작용이 있어서 자작나무버섯에서 추출한 리보 핵산 RNA는 바이러스 감염 증식 억제 물질인 인터페론 생산을 유도하여 쥐에게 주사하였을 때 바이러스로부터 보호해 준다. 또 polyporenic acid는 다양한 항염 작용을 가진 세균발육 억제제이다. 화상을 입은 쥐의 화상 초기에 코티손보다도 더 강력한 항염작용을 보여준다고 한다. piptamine이라는 성분은 새로운 항생물질로 황색포도상구균, 장구균(Enterococcus faecalis), 대장균에 대한 항균작용을 보여주었다. 또 ungalinic acid는 화농성미구균(Micrococcus pyogenes)에 대한 항균작용이 있다. 2009년에는 10여종의 버섯들이 보여주는 항균작용을 검토해 본 결과 자작나무버섯이 가장 강력한 항균작용을 보여주었다.

또 자작나무버섯에서 분리한 핵산은 우두균에 대한 항균작용이 있다. 그밖에도 약하기는 하지만 모기가 매개하는 웨스트 나일 바이러

스 외에 여러 바이러스에 대한 항바이러스 작용이 있다. 2000년도 Suay 등은 황상포도상구균, 포도상구균, 바실러스 메가테리움에 대한 강한 억제작용이 있다는 것을 발견하였다. Paul Stamets는 탄저균(anthrax, B. anthracis)에 대한 억제 작용이 있다. 이밖에도 자작나무버섯에 항균작용이 있다는 것도 확인됐다.

먹는 방법

버섯의 건조 상태에서 다소 차이가 있는데, 차가버섯 100g의 부피는 약 200cc정도이다. 따라서 차가버섯 100g당 1,000cc(1ℓ)의 차가버섯 액을 추출하는 것이 적당하다. 즉 200g일 때는 2,000cc(2ℓ)가 된다. 러시아 의료과학원(Russian Medical Academy fo Science in Moscow)이 발표한 차가버섯 복용방법은 차가버섯 부피의 5배에 해당하는 버섯 액을 추출하는 것이다.

> **러시아의 약초백과사전**
> '차가버섯은 면역 활성 증진, 종양발생억제, 혈압조절, 위암, 자궁암, 후두암 등에 효과가 있다'고 기록되어 있다. 또 러시아에서 발행된 책 『병을 치료하는 버섯』에서도 '차가버섯은 신체저항력증강, 종양발생억제, 혈압조절, 암, 신경통 등에 효과가 뛰어나다' 했다.

차가버섯 액 추출방법

앞에서도 언급했지만, 이 방법은 러시아 의료과학원(The Russian Medical Academy of Science in Moscow)의 발표에 따른 것이다.

❶. 칼등으로 검고 단단한 껍질부분, 뿌리부분, 기타 불순물을 깨끗하게 제거해준다.

❷. ❶을 신속하게 씻어 용기에 담는다.

❸. 끓인 물을 반드시 50~60℃로 식혀 2의 버섯이 잠기도록 붓는다.

❹. 4~5시간 후에 버섯이 물을 먹어 약간 부드러워질 때 건져낸다.

❺. ❹를 잘게 썰어 믹서나 분쇄기에 넣어 곱게 간다.

❻. ❺에 ❸의 물과 다른 물을 붓는다.(차가버섯 200g에 물 2,000cc가 적당함)

❼. ❻을 48시간 상온에 뒀다가 삼베조각에 올려 짠 다음 찌꺼기는 버린다.

❽. 짜낸 물은 냉장고에 보관한다. 단 유효기간은 3~4일이다.

❾. 1회 200cc이상 1일 3회로 나눠 식전 30분 전에 마신다.

* 1일 섭취량은 600cc이상이고 장기 복용해야만 효과가 나타난다.

* 1에서처럼 제거하지 않고 복용하면 효능이 떨어질 수도 있다. 인체엔 무해하지만, 가끔 피부알레르기를 일으킬 수도 있다. 그렇기 때문에 반드시 검은 껍질을 제거해야만 한다.

주의할점

버섯추출 액을 장기간 보관하지 말고 3~4일 이내로 모두 복용해야만 한다. 만약 3~4일이 지나면 고형화작용(유효성분끼리 결합됨)으로 인해 미세한 덩어리가 되면서 바닥으로 가라앉는다. 이것을 복용하면 체내에 흡수가 어렵다.

자주졸각버섯

진정담자균강 주름버섯목 송이버섯과 졸각버섯
Laccaria amethystea (Bull.) Murr.

Dr's advice

이 버섯에는 항암작용에 좋은 성분이 들어 있고 뇌의 건강과 함께 기를 향상시켜주며, 비위가 허약할 때 매우 유용하다. 성분은 대체적으로 유리아미노산 23종, 미량금속 원소 7종, 다당류, 렉틴, 지방, 비타민 B 등을 비롯해 Phosphatydl serine(인체에서 합성이 가능한 일종의 아미노산인데, 세리신의 가수분해에서 얻어진다)성분이 풍부하다.

분포지역

한국(지리산, 한라산), 일본, 중국, 유럽 등 북반구 온대 이북

서식장소/ 자생지

양지바른 돌 틈이나 숲 속의 땅

크기

버섯갓 지름 1.5~3cm, 버섯대는 길이 3~7cm, 굵기 2~5mm

생태와 특징

 여름에서 가을에 걸쳐 양지바른 돌 틈이나 숲속의 땅에 무리지어
자생한다. 버섯의 갓 지름은 1.5~3cm로 산 모양이었다가 자라면서
편평해지고 가운데가 패여 있다. 자주색 갓 표면은 밋밋하고 가늘게
갈라져 작은 비늘조각처럼 변한다. 주름살은 올린주름살로 두껍고
성기며, 짙은 자주색은 띤다. 마르면 주름살 이외에는 황갈색 또는
연한 회갈색으로 변한다.

 버섯 대의 길이는 3~7cm이고 굵기가 2~5mm로 섬유처럼 보인다.
공 모양의 홀씨 지름은 7~9μm로 가시가 있으며, 가시의 길이는
0.9~1.3μm정도이다. 식물과 공생하면서 균근을 형성한다. 한국(지
리산, 한라산), 일본, 중국, 유럽 등 북반구 온대이북에 널리 분포하
고 있다. 버섯 전체의 색상이 자주색이기 때문에 졸각버섯과는 쉽게
구별된다. 북한에서는 보랏빛깔때기버섯으로 불린다.

약용, 식용여부

식용과 함께 항암버섯으로 활용되고 있다.

성분

 졸각버섯의 자실체와 배양균사체는 독성이 없고 세포매개성 면역

에 의해 항암작용을 하는 다당류와 단백질로 구성돼 있다. 다당류는 7개의 단당류, 단백질은 14종의 아미노산으로 이뤄져 있다. 이밖에 유리아미노산 23종, 미량금속 원소 7종, 렉틴, 지방 등을 비롯해 Phosphatydl serine 등이 다량으로 함유되어 있다.

항암효과와 약리작용(임상보고)

이 버섯에는 항암작용에 좋은 성분이 들어 있고 뇌의 건강과 함께 기를 향상시켜주며, 비위가 허약할 때 매우 유용하다. 성분은 대체적으로 유리아미노산 23종, 미량금속 원소 7종, 다당류, 렉틴, 지방, 비타민 B 등을 비롯해 Phosphatydl serine(인체에서 합성이 가능한 일종의 아미노산인데, 세리신의 가수분해에서 얻어진다)성분이 풍부하다. 이 성분은 미엘린 수초와 뇌신경 접합부의 건강에 매우 중요한 역할을 한다. 또한 불포화지방산인 올레산이 32%나 함유되어 있다. 특히 항종양 작용이 있는데, sarcoma 180암과 ehrlich 복수암에 대해 70~80%의 억제율을 나타냈다.

먹는 방법

소형 버섯이라 채취량이 적은 편이며 쫄깃하고 담백한 맛이다. 조금 쌉쌀한 뒷맛이 있어서 소금물에 삶아 물에 우려내야 한다. 숙회, 복음, 조림, 구이 찌개 등으로 먹는다.

잣버섯(솔잣버섯)

담자균문 균심아강 주름버섯목 느타리과 잣버섯속
Neolentinus lepideus (Fr.)

분포지역

한국 · 일본 · 유럽 · 미국 · 오스트레일리아 · 시베리아

서식장소/ 자생지

소나무 · 잣나무 · 젓나무 등의 고목

크기

갓 지름 5~15cm , 자루 2~8cm×1~2cm

생태와 특징

봄부터 가을에 걸쳐 소나무, 잣나무, 젓나무 등의 고목에 발생한다. 처음
에는 둥근 모양이나 편평해지며 살은 백색이고 풍부하나 질긴 편이다. 주
름은 거의 백색이고 폭이 넓으며 두껍고, 자루에 홈이 파져 붙거나 내려 붙
으며 주름 끝이 길게 자루에 붙어 있다. 자루는 2~8cm×1~2cm이고 속이
차 있으며, 표면은 백색이고 황갈색 비늘 모양의 털이 산재한다. 포자는 긴
타원형이며 포자무늬는 백색이다.

약용, 식용여부

식용으로 송진냄새가 약간 나는 것이 향기롭다. 자루가 졸깃하고 쓰지만,
자루 3/1이상 갓부분은 맛있다. 중독을 일으키는 경우도 있으니 반드시 익
혀서 먹어야 한다. 약용버섯으로 항종양, 면역증강, 항균, 항진균 작용이
있으며 섭취시 건강증진, 강장에도 좋다.

점박이버터버섯(점박이애기버섯)

담자균문 주름버섯목 낙엽버섯과 버터버섯속의 버섯
Rhodocollybia maculata (Alb. & Schwein.) Singer

분포지역

한국, 유럽, 북아메리카

서식장소/ 자생지

침엽수, 활엽수림의 땅

크기

갓 지름 7~12㎝, 자루 길이 7~12㎝, 굵기1~2㎝

생태와 특징

여름부터 가을까지 침엽수, 활엽수림의 땅에 홀로 또는 무리지어 나며 부생생활을 한다. 갓의 지름은 7~12㎝로 처음은 둥근 산 모양에서 차차 편평하게 된다. 처음에는 자실체 전체가 백색이나 차차 적갈색의 얼룩 또는 적갈색으로 된다. 갓 표면은 매끄럽고 가장자리는 처음에 아래로 말리나 위로 말리는 것도 있다. 살은 백색이며 두껍고 단단하다. 주름살은 폭이 좁고 밀생하며 올린 또는 끝붙은주름살인데, 가장자리는 미세한 톱니처럼 되어 있다. 자루의 길이는 7~12㎝이고 굵기는1~2㎝로 가운데는 굵고 기부 쪽으로 가늘고 세로 줄무늬 홈이 있으며 질기고 속은 비어 있다.

약용, 식용여부

식용이지만 종종 쓴맛이 난다. 혈전 용해 작용이 있다.

잔나비불로초

담자균문 균심아강 민주름버섯목 불로초과 불로초속
Ganoderma applanatum (Pers.) Pat.

Dr's advice

잔나비불로초는 항종양(항암), 항바이러스, 항균, 면역조절, 항당뇨, 항염 작용 뿐만 아니라 안과 질환에도 유용한 버섯이다. 신경쇠약, 폐결핵, 심장병, 신장병, 중풍, 뇌졸중, B형 간염에 좋다. 중국과 일본에서 식도암, 위암의 민간약으로 사용한다.

분포지역

한국 및 전 세계

서식장소/ 자생지

활엽수의 고사목이나 썩어가는 부위

크기

갓의 지름 5~50cm, 두께 2~5cm

생태와 특징

봄부터 가을에 걸쳐 활엽수의 고목이나 썩어가는 그루터기에서 자란다. 여러해살이 버섯으로 1년 내내 목재를 썩히면서 자란다. 버섯 갓의 지름은 5~50cm정도이고 두께가가 2~5cm정도이며, 매년 성장해 갓이 60cm가 넘는 것도 있다. 갓의 모양은 편평한 반원형 또는 말굽형으로 생겼다. 갓의 표면은 울퉁불퉁하고 동심원상의 줄무늬가 있으며, 색깔은 황갈색이나 회갈색이다. 갓 하면의 자실층은 어릴 땐 백색이지만, 자라면서 회갈색으로 변한다. 하지만 문지르거나 만지면 갈색이 된다. 조직은 단단한 목질이고 관공구는 원형이며, 여러 층으로 되어 있고 지름은 약 1cm정도이다. 버섯 대가 없는 대신 기주 옆에 붙어서 자란다. 포자문은 갈색이고 모양은 난형이다. 북한에서 부르는 이름은 넓적떡다리버섯이다. 가끔 외국에서는 갓의 지름이 60cm 이상인 것도 발견되는데, 원숭이들이 버섯 위에서 놀기도 한다. 약용으로 이용된다.

성분

화학성분은 지방산 10종, 에르고스테롤 페록사이드, 다양한 에르고스타, 알파 글루칸 등을 비롯해 항종양과 항염증 성분인 베타 디 글루칸, fungisterol, alnusenone, friedelin, ganoderenic산 ,

> **잔나비불로초**
> 방사능 방지와 면역체계 조절에 효험이 있는데, 본초학자 Ryan Drum은 만성 임파구성 갑상선염 치료에 잔나비불로초 달인 물을 1일 12온스씩 3일 동안 복용한 다음 하루를 쉬고 다시 복용함을 반복해 치료효과를 보았다. Martin Osis는 (팔다리 관절에 생기는)통풍완화를 위해 잔나비불로초 달인 물에 발을 담근다는 것도 알아냈다.

furanoganoderic산, ganoderic산 등도 들어 있다. 이밖에 다양한 triterpenoid, applanoxidic산 A, B, C, D, lanostandoid triterpenes E-H 등도 함유되어 있다. 이 가운데 ganoderenic산 A와 G, furanoganoderic산 등은 쓴맛을 나타내는 성분이다. 또 arabitol, mannitol, glycerol, fructose, glucose, trehalose 등도 함유되어 있다.

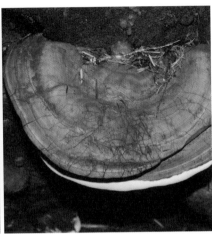

한의학적 효능

중국민속의학에서는 식도암, 거담, 소화불량, 지혈, 통증완화, 해열, 결핵성 관절염 등의 치료와 함께 항균 목적으로 사용했다. 또한 고산병의 산소결핍증 치료에 사용했는데, 이때 잇꽃(safflower) 씨와 국화와 가미해서 사용하면 효과가 더 좋다. 인도에서는 이 버섯을 연고로 만들어 과도한 타액 분비를 막기 위해 잇몸에 발랐고 훌륭한 수렴제로도 활용했다.

항암효과와 약리작용(임상보고)

1969년, 일본의 Ikekawa 등은 이 버섯에서 항종양 작용을 발견했으며, 1971년에는 Sasaki 등이 항종양 작용이 다당류라는 것을 추가로 밝혀냈다. 1991년 중국의 Bin Gao와 Gui-Zhen Yang은 시험관에서 다당류가 비장세포를 증식시키고 쥐의 실험을 통해 sarcoma 180암에 대한 항종양 작용도 발견했다.

이 버섯도 영지와 마찬가지로 물에 쉽게 용해되기 때문에 달이면 금방 황갈색 추출물이 나온다. 잔나비불로초의 베타 글루칸 성분은 물과 열에 쉽게 용해되기 때문에 곧바로 장내에서 면역세포로 전달

된다. 최근 들어 독일의 연구에 의하면, 물로 달여서 얻은 추출물은 암 증식 억제율이 64.9%였고 동물실험에서는 45.5%라는 완전한 감소율이 나타났다.

쥐의 실험에서 Applanoxidic산 B성분이 피부암에 효과가 있고 Epstein-Barr 바이러스에 대한 항바이러스 작용도 나타났다. Ganoderic산 A와 C는 암의 전이효소를 억제해주는 성분이다. 또 시험관에서 잔나비불로초 배양이 대장균의 증식을 완전히 억제해준다는 것을 알아냈다. 2003년 Boh 등은 잔나비불로초의 triterpenoid성분과 다당류가 강한 항바이러스 성분이라는 것을 밝혀냈다. 이 다당류는 위 점막을 보호해 위궤양 치료에도 유용하다. 또 안과 질환과 당뇨병치료 등에도 효과가 있다는 것도 밝혀졌다. 프로토카테큐 알데히드는 가장 효능 있는 억제 성분이다. 따라서 당뇨 합병증 예방과 치료에 사용할 수 있다.

먹는 방법

강장보호일 때 버섯 3~4g을 1회분 기준으로 달여서 1일 2~3회씩 10일 정도 복용한다. 주침해서도 복용한다. 산약(산마가루)을 6~8g씩 섞어서 복용하면 효험이 더하고, 냉 기운을 예방해주는 효과가 있다.

고혈압일 때 버섯 3~4g을 1회분 기준으로 생수에 우려내서 그물을 1일 2~3회식 10일 정도 복용한다. 주침해서도 복용한다. 산마와 함께 복용하면 냉한 기운을 없애준다고 알려져 오고 있다.

당뇨일 때 버섯 3~4g을 1회분 기준으로 달여서 1일 2~3회씩 1개월 정도 복용하면서 반드시 산마가루를 섞어서 복용하도록 한다.

동맥경화일 때 버섯 3~4g을 1회분 기준으로 2~3일 생수에 우려내어 1일 2~3회씩 1주일 정도 그 물을 공복에 복용한다.

신경쇠약일 때 버섯 3~4g을 1회분 기준으로 달여서 1일 2~3회씩 10일 이상 그 물을 복용한다.

제주쓴맛그물버섯

주름버섯목 그물버섯과의 버섯
Tylopilus neofelleus Hongo

분포지역

한국, 일본, 뉴기니섬

서식장소 / 자생지

혼합림 속의 땅 위

크기

버섯 갓 지름 6~11cm, 버섯 대 굵기 1.5~2.5cm, 길이 6~11cm

생태와 특징

여름부터 가을까지 혼합림 속의 땅 위에 여기저기 흩어져 자라거나 무리
를 지어 자란다. 버섯 갓은 지름 6~11cm이고 처음에 둥근 산 모양이다가
나중에 편평해진다. 갓 표면은 끈적거림이 없으며 벨벳과 비슷한 느낌이고
올리브색 또는 붉은빛을 띤 갈색이다. 살은 흰색이고 단단하며 두꺼운 편
이다. 관은 처음에 흰색이다가 나중에 연한 붉은색으로 변하며 구멍은 다
각형이다.

버섯 대는 굵기 1.5~2.5cm, 길이 6~11cm이고 밑 부분이 굵다. 버섯 대 표
면은 버섯 갓과 색이 같고 윗부분에 그물눈 모양을 보이기도 한다. 홀씨는
7.5~9.5×3.5~4μm이고 방추형이나 타원형이다.

약용, 식용여부

식용가능하나 매우 쓰고, 항균작용이 있다.

졸각무당버섯

주름버섯목 무당버섯과의 버섯
Russula lepida Fr. ('=Russula rosea Pers.)

분포지역

한국 등 북반구 온대 이북

서식장소 / 자생지

활엽수림 속의 땅

크기

버섯 갓 지름 5~11cm, 버섯 대 굵기 1~2.5cm, 길이 3~9cm

생태와 특징

북한명은 피빛갓버섯이다. 여름부터 가을까지 활엽수림 속의 땅에 무리를
지어 자란다. 버섯 갓은 지름 5~11cm이고 처음에 둥근 산처럼 생겼다가 나
중에 편평해지며 가운데가 약간 파여 있다. 갓 표면은 점성이 있으며 핏빛
이나 분홍색이고 때로는 갈라져서 흰색 살이 드러난다. 살은 단단하고 흰
색이다. 매운맛이 나거나 맛이 없는 것도 있다. 주름살은 불투명한 흰색이
고 버섯 갓 가장자리는 붉은색이다. 버섯 대는 굵기 1~2.5cm, 길이 3~9cm
이고 표면이 연한 홍색이거나 흰색이다. 홀씨는 8~9.5×6~8μm이고 달걀
모양이며 표면에 가시와 불완전한 그물눈이 있다.

약용, 식용여부

식용할 수 있다.
항종양 작용이 있다.

장미잔나비버섯

담자균류 민주름버섯목 구멍장이버섯과의 버섯
Fomitopsis rosea

Dr's advice

항암억제율이 50~80%이며, 특히 췌장, 암, 당뇨에 효과가 좋다.

분포지역
한국, 일본, 아시아, 유럽, 북아메리카
서식장소 / 자생지
침엽수의 죽은 나무
크기
버섯 갓 폭 1~5×1~3㎝, 두께 1~3㎝

생태와 특징
북한명은 붉은떡따리버섯이다. 일 년 내내 침엽수의 죽은 나무에 자라며 여러해살이다. 버섯 갓은 폭 1~5×1~3㎝, 두께 1~3㎝로 반원 모양 또는 낮은 말굽모양이다. 갓 표면은 어두운 회색 또는 분홍빛 검은색이고 동심적 고리무늬와 홈을 나타내며 가장자리는 처음에 연한 분홍색이다. 살은 코르크질로 단단하며 연한 분홍색이다. 아랫면은 분홍빛을 띤 흰색이다. 관공은 여러 층으로 이루어지는데 각 층은 1~3mm이고 구멍은 가늘며 1mm 사이에 3~5개가 있다. 홀씨는 6~9×2~3㎛로 밋밋한 원통 모양이고 무색이다. 목재부후균으로 재목에 갈색 부패를 일으킨다. 식용할 수 없고 약용버섯이다.

한의학적 효능

성미는 맛이 약간 쓰고 성질이 평해서 청열, 소적, 화담, 지통 등에 효능이 있다. 특히 항암억제율이 64.9%로 나타났고 암에 걸린 동물의 생명연장에 사용되고 있다. 지혈, 건위작용과 함께 신경쇠약, 폐결핵, 심장병, 신장병, 중풍, 뇌졸중, B형간염 등을 치료해 준다. 또 췌장암, 당뇨에도 탁월한 효능이 있다. 민간요법으로는 폐렴, 폐암, 감기 등의 치료제나 해열제로 사용되고 있다.

항암효과와 약리작용(임상보고)

항암억제율이 50~80%에 달하며, 췌장, 암, 당뇨 등에 효과가 매우 좋다.

먹는 방법

❶. 말린 버섯 50g을 잘게 썬다.

❷. ❶과 감초 2조각을 용기에 넣고 물 1.8ℓ 를 부어 끓인다.

❸. ❷가 끓으면 약한 불에 올려 1/2이 되도록 달인 후 다른 용기에 붓는다.

❹. ❸의 건더기에 또다시 물 1.8ℓ 를 붓고 재탕 후 3탕을 한다.

❺. ❸의 물과 ❹의 물을 합쳐 냉장 보관한다.

❻. 소량으로 장기간 복용해야 효과가 있다.

잿빛만가닥버섯

담자균문 주름버섯강 주름버섯목 만가닥버섯과 만가닥버섯속
Lyophyllum decastes(Fr.) Singer

Dr's advice

잿빛만가닥버섯에는 항종양 작용이 있고 방사선 요법을 보완하여 항암 효과를
높여줄 뿐만 아니라 항알레르기, 항콜레스테롤, 항당뇨, 항염작용을 가지고 있
는 약용버섯이자 식용버섯이다.

분포지역
북반구 온대 이북
서식장소/ 자생지
숲, 정원, 밭, 길가 등의 땅 위
크기
갓 지름 4~9cm, 자루 길이 5~8cm

생태와 특징
여름에서 가을에 숲, 정원, 밭, 길가 등의 땅 위에 군생한다. 갓은 지

름 4~9cm로 호빵형을 거쳐 편평하게 되며, 중앙부가 조금 오목해진다. 표면은 녹황흑색(암올리브갈색)~회갈색, 후에 연하게 되고 갓 끝은 아래로 감긴다. 조직은 백색이며 밀가루 냄새가 난다. 주름살은 백색의 완전붙은형~홈형, 끝붙은형(바른~내린주름살) 등 다양하며 빽빽하다. 자루는 길이 5~8 x 0.7~1.0cm로 갈회색이며 위아래 굵기가 같거나 하부가 부풀고 상부는 가루모양이다. 근부에는 균사속이 있다. 포자는 5.5~8.5×5~8㎛로 구형이며, 표면은 평활하고, 포자문은 백색이다.

약용, 식용여부

식용버섯으로 아삭아삭하게 씹는 맛이 좋고 깊어 다양한 요리에 폭넓게 활용할 수 있다.

성분

화학성분은 비타민 D, 항종양 단백다당체 라이오필란이 함유되어 있다. 1968년 처음으로 항암성분이 함유되었다고 보고되기도 했다. 단백다당체 라이오필란은 암에 직접적인 독성을 드러내지 않지만, 용혈반형성 세포수와 복강세포수를 강화해 면역기능을 증강시켜 종양을 억제한다. 라이오필란은 다당체(마노스, 자일로스, 글루코스, 갈락토스, 퓨코스)와 단백질(라이신, 아스파틱산, 글루탐산 등을 포함한 18종의 아미노산)이 결합해 단백다당류를 구성하고 있다.

한의학적 효능

2007년 Ukwa 등의 연구에서 Th2와 면역글로불린 E(lgE)의 반응을 통해 항알레르기에 대한 작용이 밝혀졌다. 이와 함께 인슐린에 대한 저항을 감소시켜 부분적인 항 당뇨작용도 나타났다. 또 다른

연구에서는 항염작용이 있다는 것이 밝혀졌으며, 면역세포 활성화와 항체 생성 활성작용도 알아냈다.

항암효과와 약리작용(임상보고)

2005년 구연화 등의 연구에 의하면, 버섯자체에서는 특별한 항암효과를 볼 수가 없었다. 하지만 방사선요법과 병행할 때 면역세포에 대한 방사선요법 보완에서 항암효과가 높아졌다. 또한 쥐의 실험에서 항종양 sarcoma180암에 대한 억제율이 65.4%였다.

버섯을 조리하거나 기름에 튀겨도 ACE와 고혈압 억제능력은 그대로였다. 2002년 Ukawa 등은 쥐의 실험에서 혈청지질농도를 조사했다. 그 결과 콜레스테롤수치를 낮춰줌과 동시에 콜레스테롤 7a-hydroxylase의 활성화를 증가시켜 세포 콜레스테롤을 담즙산으로 변환했다.

먹는 방법

육질이 쫄깃한 맛이 좋은 식용버섯으로 밥, 튀김, 버섯불고기, 된장국, 무침, 조림, 구이, 볶음 등의 다양한 요리에 가미된다.

좀목이버섯(장미주걱목이)

담자균류 흰목이목 좀목이과의 버섯
Exidia glandulosa

분포지역

한국 등 전세계

서식장소 / 자생지

각종 활엽수의 죽은 가지나 그루터기

크기

자실체 지름 10cm, 두께 0.5~2cm

생태와 특징

여름에서 가을에 걸쳐 각종 활엽수의 죽은 가지나 그루터기에 무리를 지어 자란다. 자실체는 지름 10cm로 자라 죽은 나무 위에 편평하게 펴진다. 자실체 두께는 0.5~2cm로 연한 젤리질이며 작은 공 모양으로 무리를 지어 자라지만 차차 연결되어 검은색 또는 푸른빛이 도는 검은색으로 되고 뇌와 같은 주름이 생긴다. 마르면 종이처럼 얇고 단단해진다. 자실체 표면에는 작은 젖꼭지 같은 돌기가 있다. 홀씨는 12~15×4~5µm의 소시지 모양이고 색이 없다. 담자세포는 흰목이 모양이다. 목재부후균이다.

약용, 식용여부

식용과 약용할 수 있다.

좀은행잎버섯(좀우단버섯)

은행잎버섯과 은행잎버섯속의 버섯
Tapinella atrotomentosa (Batsch) ?utara

분포지역

한국, 일본, 유럽, 북아메리카

서식장소/ 자생지

침엽수의 죽은 나무 또는 그 근처의 땅

크기

버섯갓 지름 5~20cm, 버섯대 길이 3~12cm, 굵기 1~3cm

생태와 특징

북한명은 호랑나비버섯이다. 여름에서 가을까지 침엽수의 죽은 나무 또는
그 근처의 땅에 무리를 지어 자란다. 갓은 지름 5~20cm로 편평형을 거쳐
중앙이 오목해지며, 질기고 단단하다. 갓 표면은 매끄럽거나 가루모양의
연한 털이 있으며 녹슨갈색~흑갈색이고, 주변부는 담색이며 안쪽으로 감
긴다. 살은 갯솜모양이고 백색~담황색, 먼지 냄새가 난다. 주름살은 바른
~내린주름살로 크림갈색 황갈색이며 밀생하고 그물모양으로 연결된다.
자루는 길이 3~12cm로 편심성 또는 측생, 단단하며 표면에 흑갈색의 연한
털이 있고 가근이 있다. 포자는 난형~타원형이고 매끄러우며 황색이다.

약용, 식용여부

독버섯으로 사람에 따라 알레르기성 중독을 일으킨다. 항종양 작용이 있
다.

조개껍질버섯

담자균문 균심강 민주름버섯목 구멍장이버섯과 조개껍질버섯속.
Lenzites betulina(Fr.) Fr.

Dr's advice

이 버섯은 항종양, 항균, 항진균, 항산화에 대한 작용이 있고, 한방에서 관절 약의 미량원료로 쓰인다. 이밖에 날염, 탈색, 천연염료, 도료 및 제지용으로 사용된다.

생태와 특징

여름에서 늦가을까지 자라는데, 조직이 혁질로 질겨서 먹을 수가 없다. 자작나무는 조개껍질버섯이 자생하는 20여종의 활엽수 중에 하나이다. 이 버섯의 특징은 구멍장이과에 속하지만, 포자를 만드는 자실층은 관공이 아닌 주름살이다. 이 주름살은 다른 주름살을 가진 버섯들과는 다른, 즉 관공이 주름살처럼 변형된 것이다. 모양은 자실체가 조금 두꺼운 구름송편버섯(운지)과 비슷하게 생겼다. 갓 위에는 회백색, 회갈색, 회황토색 등의 다양한 색상의 환문이 있으며, 가끔 노균의 갓 표면에 초록색 이끼가 생긴다.

한의학적 효능

중국전통의학에서 이 버섯은 성미가 담담하고 성질이 따뜻하기 때문에 찬바람을 배출시켜 냉기를 흩어버린다. 근육을 부드럽게 경락을 통하게 해준다. 이에 따라 수족마비, 풍습성 관절염, 요퇴동통 등에 효과가 좋고, 근육과 뼈를 풀어준다. 특히 다리와 힘줄에 나타나는 통증을 치료해주는 관절약인 서근환(舒筋丸)의 원료이기도 하다.

항암효과와 약리작용(임상보고)

성분은 ergosterol peroxide, 9(11)-dehydroergosterol peroxide, betulinans A와 B, ergosta-7.22-dien-3-ol, fungisterol, 유리 아미노산 19종 등을 비롯해 다당류와 항균성분이 함유되어 있다. 쥐의 실험에서 sarcoma 180암에 대한 억제율이 71.5%였다. 조개껍질버섯 물 추출물질은 쥐 실험에서 sarcoma 180암에 대해 항종양 활성성분이 나타났다. 조개껍질버섯 균사체에서 추출한 다당류도 sarcoma 180암, Ehrlich 복수암에 대해 90%의 억제율을 보였다. 조개껍질버섯 에테르와 에틸 추출물은 자궁경부암과 간암세포에 상당한 세포장애효과를 보였다. 조개껍질버섯 자실체에서 추출한 다양한 종류의 추출물은 황색포도상구균과 그람양성균의 하나인

Staphylococcus epidermis, 고초균 등에 대해 항균작용을 보였다. 2002년 한국의 이인경 등은 두 종류의 벤죠퀴논 분리에 성공했다. 즉 betulina A와 B는 비타민 E보다 효과가 4배가 많은 지방질 과산화에 대한 억제제임을 입증했다. 버섯의 균사체는 K562 백혈병 세포의 항증식과 세포 자멸사를 유발했다. 조개껍질버섯 메타놀 추출물은 HIV역전사효소의 작용을 억제했다.

먹는 방법

* 서근환(舒筋丸) 1~2알을 1일 2회를 차에 타서 마신다.
* 달임 물은 조개껍질버섯 1~2개를 물 1.5ℓ 에 넣어 45분간 달인다. 버섯을 건져내고 꿀(설탕)을 가미해 1일 1회 1컵씩 2회를 마신다.

좀주름찻잔버섯

담자균류 찻잔버섯과의 버섯

Cyathus stercoreus (Schwein.) De Toni

분포지역

한국(지리산, 한라산), 북한(백두산) 등 전세계

서식장소 / 자생지

부식질이 많은 땅

크기

자실체 지름 약 5mm, 높이 약 1cm

생태와 특징

여름에서 가을 사이에 부식질이 많은 땅에 무리를 지어 자란다. 자실체는 지름 약 5mm, 높이 약 1cm이며 가늘고 긴 찻잔 모양이다. 자실체 표면은 누런 갈색에서 잿빛 갈색으로 변하며 두꺼운 솜털이 촘촘히 나 있으나 나중에 없어지면서 밋밋해진다. 자실체 안쪽면은 남색이고 밋밋하다. 소외피의 지름은 1.5~2mm의 바둑돌 모양이고 아랫면의 가운데에 가는 끈이 붙어 있다. 홀씨는 22~35×18~30μm이고 공 모양에 가깝거나 넓은 달걀 모양이며 막이 두껍다. 홀씨 표면은 색이 없다.

약용, 식용여부

식용할 수 없다. 항산화작용이 있으며, 한방에서는 위통, 소화불량에 도움이 된다고 한다.

종떡따리버섯

담자균류 민주름버섯목 구멍버섯과의 버섯
Fomitopsis officinalis

분포지역

북한(백두산), 일본, 중국, 필리핀, 유럽, 북아메리카

서식장소 / 자생지

잎갈나무 등의 침엽수

크기

버섯 갓 3~8×5~15×5~15μm

생태와 특징

일 년 내내 잎갈나무 등의 침엽수에 무리를 지어 자란다. 자실체는 나무질로 되어 있으며 버섯 대가 없다. 버섯 갓은 3~8×5~15×5~15μm로 종 모양 또는 말발굽 모양이다. 버섯 갓 표면은 흰색, 연한 누른색, 회색빛을 띤 누른색 바탕에 연한 누른밤색의 반점이 있으며 밋밋하고 가는 세로룽과 얕은 둥근 홈이 있다. 살은 석면처럼 생겼고 맛이 쓰며 처음에 흰색이다가 나중에 누른색으로 변한다. 관공은 길이 약 1cm이고 여러 개의 층으로 이루어져 있으며 흰색에서 연한 누른색으로 변한다. 공구는 4~5.5×2~3μm이고 둥근 모양이다.

약용, 식용여부

약용할 수 있지만 식용불명이다.

족제비눈물버섯

담자균문 균심아강 주름버섯목 먹물버섯과 눈물버섯속
Psathyrella candolleana (Fr.) Maire

Dr's advice

이 버섯은 항균과 항진균을 억제해주는 작용과 함께 항종양과 혈당저하 등에 작용한다. 전 세계에 분포하는데, 한국에서도 집 앞의 뜰, 죽은 풀, 고목그루터기 위나 주변에서 무리지어 자라는 부생균이다.

분포지역

한국, 동아시아, 유럽, 북아메리카, 아프리카, 오스트레일리아

서식장소/ 자생지

활엽수의 그루터기, 죽은 나무의 줄기

크기

갓 지름 3~7cm, 버섯대 높이 4~8cm, 두께 4~7mm

생태와 특징

여름과 가을에 걸쳐 활엽수 그루터기나 고목의 줄기 등에서 무리지어 자생한다. 버섯 갓의 지름은 3~7cm인데, 처음엔 원뿔모양으로 돌

지만 성장하면서 반구모양으로 변하다가 마지막엔 평평하게 펴진다. 버섯 갓의 표면은 어릴 때는 흰색이지만, 성장하면서 붉게 변하다가 점차 밝은 갈색으로 변하거나 보라 빛을 띠기도 한다. 처음엔 버섯 갓에서 막이 생겼다가 성장하면서 막이 찢어져 떨어져나가 없어진다. 버섯 대는 높이가 4~8cm이고 두께가 4~7mm이며, 위아래의 굵기가 비슷하다. 검은 색의 홀씨는 7~8×4~5μm이며, 목재부후균으로 나무를 썩게 만든다. 한국, 동아시아, 유럽, 북아메리카, 아프리카, 오스트레일리아 등지에 분포한다.

약용, 식용여부

식용할 수 있는 버섯이지만, 맛이 없고 약한 환각에 가까운 독성분을 함유하고 있으며, 혈당저하에 작용한다.

성분

항균, 항진균 억제작용 뿐만 아니라 항종양, 혈당저하 작용을 가지고 있다. Koike라는 사람이 족제비눈물버섯 안에 psylocybin을 함유하고 있다고 하였고 뒤에 Ohenoja 라는 사람이 그것은 psilocin이라는 환각성 독성분이라는 것을 확인하였다. 이렇게 족제비눈물버섯은 약한 환각성 독성분을 가지고 있다.

항암효과와 약리작용(임상보고)

1973년 Ohtsuka 등의 연구에 의하면 Sarcoma 180암에 대한 70%의 억제율과 Ehrlich 복수 암에 대해 80%의 억제율을 보였다. 이밖에 혈당을 저하시키는 작용도 발견됐다. 동종의 눈물버섯속인 큰눈물버섯[Psathyrella velutina(Pers.)Singer]은 생김새가 약간 험해도 식용버섯이다. 성분은 유리 아미노산 24종 외에 항종양과 면역활성화에 작용하는 렉틴이 들어 있다.

주름가죽버섯

담자균류 민주름버섯목 구멍버섯과의 버섯
Ischnoderma resinosum

분포지역

북한, 일본, 중국, 필리핀, 유럽, 북아메리카

서식장소 / 자생지 죽은 참나무

크기 버섯 갓 5~15×6~20×0.5~2.5cm

생태와 특징

일 년 내내 죽은 참나무에 무리를 지어 자라며 한해살이이다. 자실체는 좌생이나 반배착 또는 전배착하여 기주에 달라붙는다. 버섯 갓은 5~15×6~20×0.5~2.5cm이고 반원모양이인데, 어려서는 육질에 가까우며 축축하고 바니시 냄새가 나지만 건조하면 코르크질이 된다. 갓 표면은 밤색 바탕에 피막과 원 무늬가 있다. 갓 가장자리는 예리하고 아래로 휘어진다. 살은 두께 0.5~2cm이고 연한 누른색 또는 연한 누른 밤색이며 고기처럼 생긴 코르크질이다. 관공은 길이 1~8mm이고 공구는 둥글거나 모가 나 있으며 연한 누른색 또는 누른 밤색이고 1mm 사이에 평균 4~6개가 있다. 홀씨는 5~7×1~2μm의 원통 모양이고 휘어 있다. 홀씨 표면은 밋밋하고 무색이다. 주머니모양체는 없다. 백색부후균으로 나무에 흰색 부패를 일으키고 부생생활을 한다.

약용, 식용여부

약용으로 사용할 수 있다.

진노랑비늘버섯

주름버섯목 독청버섯과 비늘버섯속의 버섯

Pholiota alnicola (Fr.) Sing. var. alnicola (=Pholiota alnicola (Fr.) Sing.)

분포지역

한국, 일본, 유럽, 북미

서식장소/ 자생지

활엽수의 그루터기

크기

갓 크기 3~10cm, 자루 길이 4~9cm, 굵기 0.4~1.1cm

생태와 특징

여름에서 가을까지 활엽수의 그루터기에 속생한다. 갓은 크기 3~10cm로
반구형에서 편평형이 된다. 갓 표면은 평활하고 습할 때는 점성이 있으며
선황색~농황색 바탕에 때때로 적갈색 또는 황록색을 띤다. 살은 담황색이
다. 주름살은 바른주름살로 밀생하고, 황색에서 황갈색이 된다. 자루는 길
이 4~9cm, 굵기 0.4~1.1cm로 자루 표면은 황색이나 차츰 아래쪽으로 적갈
색이 짙어지며 섬유상이다. 턱받이는 섬유질이고, 쉽게 탈락하며, 자루의
윗부분에 희미한 흔적이 남아 있다. 포자는 크기 8.1~10×5~5.9μm이다.
타원형이며 표면에는 돌기가 있다. 포자문은 갈적색이다.

약용, 식용여부

식독불명이다. 항산화 작용이 있다.

졸각버섯

담자균문 주름버섯목 졸각버섯과 졸각버섯속의 버섯
Laccaria laccata (Scop.) Cooke

Dr's advice

식용버섯으로 자실체가 작아 채집에 어려움이 있으나 맛은 좋은 편이다. 작지만 무리를 이루어 나기 때문에 맛 볼 수 있을 만큼의 채집은 가능하다. 포자는 구형이며 지름 7~9×6~7.5㎛로, 넓은 타원형이며, 표면은 투명하며 가시가 돋아 있고 가시는 길이 1㎛이다. 포자무늬는 백색이다.

생태와 특징

갓은 지름 1.5~3cm정도로 어릴 때는 둥근 산 모양에서 점차 편평하게 되고 가운데가 오목해진다. 갓 표면은 옅은 오렌지 갈색에서 옅은 주홍 갈색이 되고, 가운데에 가는 인편이 덮여 있으며, 가장자리는 물결모양으로 되고 방사상으로 홈 선이 있다. 살(조직)은 얇고, 갓 표면보다 옅은 색이다. 주름살은 옅은 주홍색으로 자루에 바르게 붙은 주름살이며, 주름살 간격은 성기다. 자루 표면은 갓과 같거나 갓보다 짙은 오렌지 갈색으로 세로로 된 섬유모양이며, 살(조직)은 질기다.

성분

졸각버섯에는 유리 아미노산 28종, 미량 금속원소 7종, 다당류, 알칼로이드, 산성 phosphatase가 풍부하게 들어 있는데, 효능은 선양익기하다. 적응증으로 비허위약에 좋다.

항암효과와 약리작용(임상보고)

1973년 Ohtsuka 등이 연구한 결과 졸각버섯은 항종양에 대한 작용이 있는데, sarcoma 180암과 Ehrlich 복수 암에 대해 60-70%의 억제율을 보였다. 1996년 Matsuda 등이 연구한 결과 따르면, 졸각버섯류에 함유되어 있는 laccarin이란 알칼로이드성분은 포스포디에스테라아제(뱀의 독이나 혈청 등에 들어 있는 phosphatase의 일종임)에 대한 억제작용이 나타났다.

자주졸각버섯에는 불포화지방산인 올레산(oleic acids)이 32%나 한유되어 있다. 그리고 항종양작용이 있어 sarcoma 180암과 Ehrlich 복수 암에 대한 70~80%의 억제율을 보였다. 큰졸각버섯도 항종양에 대한 작용이 있는데, sarcoma 180암과 Ehrlich 복수 암에 대한 60~70%의 억제율을 나타냈다.

주름목이버섯

담자균류 목이목 목이과의 버섯
Auricularia mesenterica

Dr's advice

식용과 약용할 수 있다. 식용버섯이나 크기가 작아 식용가치가 없다.
항종양(실험동물–흰쥐–암억제율 42.6~60% 복수암억제율 60%정도)이다.

분포지역

한국, 일본, 중국, 시베리아, 유럽, 북아메리카, 오스트레일리아

서식장소 / 자생지

죽은 활엽수

크기

자실체 지름 5~15cm, 두께 1.5~2.5mm

생태와 특징

이 버섯은 죽은 활엽수에 군을 이뤄 무리지어 자생한다. 자실체는 지름이 5~15cm이고 두께가 1.5~2.5mm이며, 기주에 넓게 달라붙는다. 자실체는 거의버섯 갓처럼 생겼는데, 위쪽으로 뒤집혀 말려 올라간다. 단단한 아교질로서 가장자리가 얇게 갈라진다. 버섯 갓은 반원모양이고 가장자리가 갈라지거나 밋밋하다. 갓의 표면은 동심원처럼 생긴 고리무늬가 있고 검은색을 띤 곳은 밋밋하며, 잿빛 흰색에는 부드러운 털이 돋아 있다. 갓의 안쪽은 붉은색 또는 어두운 갈색이다. 방사상의 주름 벽이 있고 건조하면 검은색의 가죽질로 변하면서 단단해진다. 홀씨는 8.5~13.5×5~7㎛이고 달걀모양 또는 신장모양이다. 이 버섯은 목재부후균에 속한다.

약용, 식용여부
식용과 약용할 수 있다. 식용버섯이나 크기가 작아 식용가치가 없다.

항암효과와 약리작용(임상보고)
항종양(실험동물-흰쥐-암억제율 42.6~60% 복수암억제율 60%정도)

주름버섯

담자균류 주름버섯목 주름버섯과의 버섯
Agaricus campestris

Dr's advice

이 버섯에는 항균성분인 캄페스트린(campestrin)성분이 들어 있는데, 그람양
성균과 그람음성균을 대항하는데 효험이 있다. 또 전통적으로 폐결핵과 부비강
염을 치료하는데 사용했다.

분포지역

한국(변산반도국립공원, 가야산, 발왕산), 일본, 중국, 시베리아, 유
럽, 북아메리카, 호주, 아프리카

서식장소 / 자생지

풀밭이나 밭

크기

버섯 갓 지름 5~10cm, 버섯 대 크기 5~10cm×7~20mm

북한명은 들버섯이다. 여름부터 가을까지 풀밭이나 밭에 무리를 지어 자라며 가끔 균륜(菌輪)을 만든다. 버섯 갓은 지름 5~10㎝로 공모양에서 빵 모양을 거쳐 편평해진다. 갓 표면은 흰색이지만 노란색 또는 붉은색을 띠고 비단실 같은 광택이 있으며 가장자리는 어릴 때 안쪽으로 감긴다. 살은 두껍고 흰색인데 흠집이 생기면 약간 붉은색을 띤다. 주름살은 끝붙은주름살로 촘촘하며 처음에 보라색이다가 자갈색 또는 흑갈색으로 변한다. 버섯 대는 크기가 5~10㎝×7~20㎜로 기부가 가늘다. 버섯 대 표면은 흰색이며 손으로 만지면 갈색으로 변한다. 고리는 자루 상부 또는 중간에 붙어 있고 얇은 흰색 막질인데 쉽게 떨어진다. 홀씨는 6~9.5×4.5~7㎛의 타원형 또는 달걀 모양이고 자갈색이다.

약용, 식용여부

식용할 수 있다.

성분

주름버섯에는 비타민 A, B1, C, K, 그리고 P(bioflavonoids)를 함유하고 있고 규칙적으로 섭취하면 허약, 식욕상실, 소화불량, 젖 분비 감소를 막을 수 있다. 또 모세혈관 파열, 잇몸과 위장출혈, 비타민 B3(niacin) 결핍으로 인한 홍반(피부병)을 완화할 수 있다.

한의학적 효능

이 버섯을 약용으로 사용해온 것은 4세기 비잔틴시대의 우나니 의학(Unani medicine)에서다. 즉 부비강염에 대한 치료와 초기 기침 감기 증상에 복용했다. 16세기에 고대 힌두교와 우나니 의학에서

최음제로 복용했다. 또 우유에 버섯을 넣어 끓여 폐병으로 신체가
쇠약해졌을 때 몸보신용으로 먹었다.

영국의 Norfolk에서는 이 버섯을 우유에 넣어 국을 끓여 식도암을
치료하는데 먹었다. 중국에서는 고혈압 치료제로 사용했으며, 말린
버섯을 가루로 내어 요통, 다리통증 등을 비롯해 힘줄이나 손발저린
데 써왔다.

항암효과와 약리작용(임상보고)

이 버섯에는 항균성분인 캄페스트린(campestrin)성분이 들어 있
는데, 그람양성균과 그람음성균을 대항하는데 효험이 있다. 또 전통
적으로 폐결핵과 부비강염을 치료하는데 사용했다. 특히 조(助)효소
인 Q10(ubiquinone)가 들어 있는데, 세포에너지의 생산과 관련이
있다. 또 주름버섯 자실체에는 식물 성장 물질인 헤테로-옥신
(hetero-auxin)이 들어 있어 고등식물의 성장은 억제하고 하등식
물의 성장은 촉진한다고 한다. 뿐만 아니라 주름버섯 자실체에는 햇
볕을 쬐면 비타민 D2로 변화하는 에르고스테롤과 단백질 분해 효소
가 들어 있어 피의 응고를 막아주는 성분도 포함하고 있을 것이라
한다.

주름버섯의 성분으로 유리 아미노산 22종에다가 미량 금속원소 9종과 휘발성 향기 성분인 1-octene-3-ol이 들어 있고 항종양 성분인 polysaccharide가 들어 있다고 한다. 약리작용으로 이미 위에서 말한 항종양 외에도 항그람양성균(위장염 유발균 및 피부감염증 유발균), 항그람음성균과 면역 증강에 도움이 된다고 한다. 적응증으로 위에 언급한 것들과 다소 중복되지만 다시 적어 보면 식욕부진, 소화불량, 유즙부족, 피로, 각기병, 복강출혈, 빈혈, 모세관 파열, 조피병에 좋다고 한다.

※주름버섯에는 독성분인 아가리킨(agaritine)과 아가리티날(agaritinal)이 함유되어 있다. 쥐의 실험에서 종양을 발생시키기 때문에 생(生)으로 먹어서는 안 된다.

주름찻잔버섯

담자균문 주름버섯목 주름버섯과 주름찻잔버섯속의 버섯
Cyathus striatus Willd.:Pers.

Dr's advice

주름찻잔버섯은 항산화, 항균, 항진균에 대한 작용 외에도 위통, 소화불량 등을 치료하고 안과질환에도 유용한 약용버섯이다.

생태와 특징

여름에서 가을까지 유기질이 풍부한 땅, 그루터기, 낙엽, 나뭇가지 등에서 자생한다. 특히 땅에 쓰러진 죽은 자작나무나 포플러나무 위를 좋아한다. 표면에 적갈색 또는 암갈색의 털이 나 있고 컵 모양의 외피 안은 회흑색 또는 회갈색주름(세로로 난 홈선)이 있다. 컵 안에는 회흑색 또는 회갈색의 바둑돌처럼 생긴 소피자가 있다. 비가 쏟아지면 빗방울이 외피 안에 있는 홈선을 타고 내려와 소피자를 건드려주면 포자가 튕겨져 나와 방출이 된다. 이에 따라 영어속명이 Ribbed Splashcup으로 붙여졌다. 또한 학명 중에 속명 cyathus는 '컵'을 의미하고 종명 striatus는 '주름진'이란 뜻을 가지고 있다.

성분

주름찬잔버섯에는 cyathin성분이 들어 있는데, 이 성분은 항균에 강하게 작용해 황색포도상구균을 제어한다. 1977년 Anke와 Oberwinkler 등은 이 버섯 의 균사체에서 Striatin성분을 추출했다. 이 성분은 그람 음성균과 함께 그람양성균 모두를 억제했다. 이와 함께 그람양성균의 일종인 간상균과 고초균에 대한 항생 및 항균에 대한 작용도 했다.

항암효과와 약리작용(임상보고)

1977년 Inchausti 등은 시험관 실험결과, 주름찬잔버섯의 striatin A성분과 B성분은 미량임에도 불구하고 체혈 편모충인 레슈마니아류와 트리파노소마 크루지 등을 억제했다. 쥐의 생체실험을 통해 striatin A성분은 리슈만 편모충 Leishmania amazonensis를 억제했다.

2004년 중국인 Y.J. Liu와 K.Q. Zhang 등은 12종류의 찻잔버섯속 버섯에서 항바이러스와 항진균에 대한 작용을 입증했다. 질병의 원인인 누룩곰팡이속인 아스페르길루스 푸미가투스와 효모균류인 크립토콕쿠스 네오포르만스 등을 비롯해 질염의 원인으로 자연 발생균인 칸디다 알비칸 등도 억제했다. 2007년 Petrova 등의 연구에 의하면, 면역체계를 조절하는 단백질복합체 성분 NFkappaB에 대해 강력한 억제효과가 있었다. 같은 해에 H.S. Kang 등은 좀주름찻잔버섯에 함유된 성분 cyanthusa A-C, pulvinatol 등이 항산화에 대한 작용을 알아냈다.

이밖에 주름찻잔버섯과 매우 흡사한 좀주름찻잔버섯은 봄에서 가을에 걸쳐 소나기가 내린 후 정원에 쌓인 나무지저깨비(나무를 깎거나 다듬을 때 떨어져나온 잔 조각)나 멀칭(볏짚, 보릿짚, 비닐 등으

로 땅 표면을 덮어 줌)한 곳에서 대부분 자란다. 주름찻잔버섯과 달리 털이 밀생한 황갈색 외피 안쪽 벽에는 주름(세로 홈선)이 없고 그대신 평활한 회색을 띤다. 하지만 컵 안에는 바둑돌모양의 검은색 소피자가 들어 있다.

결막염, 눈 충혈, 부기 등의 안과질환일 때 좀주름찻잔버섯을 물에 갈아 걸러낸 후 사용한다. 또 좀주름찻잔버섯 9~16g을 끓는 물에 달이거나 가루로 내어 위통이나 소화불량 등에 복용한다.

점박이광대버섯

광대버섯과 광대버섯속
Amanita ceciliae (Berk. & Br.) Bas

분포지역

한국, 일본, 중국, 유럽 및 미국

서식장소/ 자생지

숲속지상

크기

지름 5~12.5cm, 자루 5~15cm×1~1.5cm

생태와 특징

잿빛광대버섯이라고도 한다. 여름과 가을에 숲속 지상에 발생한다. 갓은 처음에는 반구형이지만 편평하게 펴지며 지름 5~12.5cm이다. 표면은 황갈색에서 암갈색이고 끈기가 있으며 회흑색의 사마귀점이 많이 붙어 있다. 갓 둘레에는 방사상의 홈줄이 있다. 주름살은 백색이다.

자루는 5~15cm×1~1.5cm이고, 표면은 회색의 가루 모양 또는 섬유 모양의 인피로 뒤덮여 있다. 자루테가 없고 자루 밑동에는 회흑색의 주머니의 흔적이 고리 모양으로 붙어 있다. 포자는 구형이며 포자무늬는 백색이다.

약용, 식용여부

식용하나, 설사 등의 위장 장애를 일으킨다. 약용으로는 습진 치료에 도움이 된다고 한다.

큰비단그물버섯

주름버섯목 그물버섯과의 버섯
Suillus grevillei (Klotzsch) Sing

분포지역

한국, 북한, 일본, 중국, 유럽, 북아메리카, 오스트레일리아

서식장소 / 자생지 낙엽수림의 땅

크기 버섯 갓 지름 4~15㎝, 버섯 대 굵기 1.5~2㎝, 길이 4~12㎝

생태와 특징

북한명은 꽃그물버섯이다. 여름에서 가을까지 낙엽수림의 땅에 무리를 지어 자란다. 버섯 갓은 지름 4~15㎝이고 처음에 둥근 산 모양이다가 나중에 편평한 산 모양으로 변하며 가운데가 파인 것도 있다. 갓 표면은 밋밋하고 끈적끈적한데 노란색 또는 적갈색의 아교질이 있다. 갓 표면의 색깔은 처음에 밤갈색 또는 황금빛 밤 갈색이다가 나중에 레몬 색 또는 누런 붉은색으로 변하며 가장자리에는 내피 막의 흔적이 남아 있다. 살은 촘촘하며 황금색 또는 레몬색이고 송진 냄새가 나기도 한다. 주름살은 바른주름살 또는 내린주름살이고 황금색이지만 흠집이 생기면 자주색 또는 갈색으로 변한다. 구멍은 각이 져 있다.

약용, 식용여부

식용으로 찌개 등의 요리에 어울리며, 과식하면 소화불량을 일으키고 사람에 따라 알레르기 반응(가려움증)을 일으킨다.

항산화, 혈당저하 작용이 있으며, 한방 관절약의 원료이다.

참버섯

담자균류 주름버섯목 느타리과의 버섯.
Sarcomyxa serotina(Pers.)P. Karst.

Dr's advice

식용할 수 있는 버섯이지만, 습하면 미끄럽고 질기기 때문에 장시간 삶아야 부드러워진다. 버섯의 맛은 그다지 없다. 이 버섯에는 heteroglucan, (1-6)-beta-D-glycosyl-branched (1-3)-beta-D-glucan, 세라미드(스핑고신에 지방산을 결합시켜 만드는 아미드) 등이 함유되어 있다.

생태와 특징

늦가을 경에 활엽수의 고사목에서 자라는데, 주변에서 흔하게 볼 수가 있다. 미국의 동부지역에서 자라는 버섯은 갓의 색깔이 초록색이기 때문에 붙여진 이름이 Green Oyster이다. 물론 초록색 이외에 갈색, 초록색을 띤 갈색 등도 있다. 하지만 한국에서 생산되는 버섯의 색상은 초록색이 아닌 황갈색, 황록색, 자색을 띤 자갈색, 갈록색 등이다. 식용할 수 있는 버섯이지만, 습하면 미끄럽고 질기기 때문에 장시간 삶아야 부드러워진다. 버섯의 맛은 그다지 없다. 특히 한

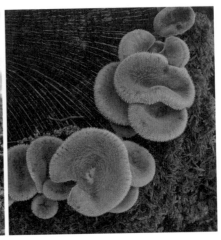

국산 독버섯인 화경버섯과 모양이 비슷하기 때문에 초보자들에겐 각별한 주의가 필요하다.

성분

이 버섯에는 heteroglucan, (1-6)-beta-D-glycosyl-branched (1-3)-beta-D-glucan, 세라미드(스핑고신에 지방산을 결합시켜 만드는 아미드) 등이 함유되어 있다. 유리 아미노산 27종, 에르고스테롤, 미량금속 원소 13종 등을 비롯해 베타 글루칸, 다당류, 글리세롤, 아라비톨, 마니톨, 글루코스, 트레할로스, 셀루로스, 헤미셀루로스, 치틴, 펙틴, 리그닌 등의 성분이 나열되어 있다.

항암효과와 약리작용(임상보고)

특히 항종양 성분도 함유되어 있는데, 쥐의 실험에서 sarcoma 180 암에 대한 억제율이 70%, Ehrlich 복수 암에 대한 억제율이 70%였다. 이 버섯의 초록색은 리보플라빈, 메틸리보플라빈(3-N-methylriboflavin) 등의 성분 때문이다. 또 A형인 사람의 적혈구를 응집시키는 성분도 함유되어 있다.

치마버섯

주름버섯목 치마버섯과의 버섯
Schizophyllum commune Fr.

Dr's advice

이 버섯은 항종양, 항균에 대한 작용뿐만 아니라, 만성피로증후군의 치료에도 효과가 있고 자양강장에도 유용하다. 향과 맛이 좋은 식용버섯으로도 유명하다. 중국 윈난지방에서는 이 버섯이 건강에 좋다고 해서 붙여진 이름이 백삼(白蔘)이다. 멕시코 사람들은 버섯에 참깨와 콩을 가미해 조리한다. 아프리카 자이에르 사람들은 채소와 소금을 넣어 장시간 삶아 부드럽게 만든다. 그 다음 삶은 물을 버리고 소금, 땅콩, 기름 등을 섞어 먹는다. 아무리 좋은 식용버섯일지라도 생으로 섭취하는 것은 옳지 않다.

분포지역
한국, 유럽, 북아메리카 등 전세계
서식장소 / 자생지
말라 죽은 나무 또는 나무 막대기, 활엽수와 침엽수의 용재
크기
버섯 갓 지름 1~3cm

생태와 특징

봄에서 가을에 걸쳐 고사목, 나무줄기, 침엽수나 활엽수 용재 등에 버섯 갓의 한쪽부분이 달라붙어 자란다. 버섯의 갓 지름이 1~3cm이고 모양은 부채꼴 또는 치마처럼 생겼으며, 손바닥처럼 갈라지는 것도 있다. 갓의 표면은 회색, 회갈색, 흰색 등이고 거친 털이 밀생한다. 주름살은 어릴 때는 흰색인데, 성장하면서 점점 회색빛을 띤 자갈색으로 변한다. 버섯에는 대가 없으며, 주름살 끝이 2장씩 쪼개진 것처럼 보인다. 건조하면 갓이 말려 오므라들고 습해지면 부챗살이나 치마모양으로 펴진다. 홀씨의 크기는 4~6×1.5~2μm이고 원기둥 모양이며, 무늬는 흰색이다.

약용, 식용여부

어린 버섯을 식용하는데, 자양강장에 유용하고 항종양, 면역강화, 상처치유, 항산화에 대한 작용을 한다.

성분

치마버섯 100g당 철분 280mg, 인 646mg, 칼슘 90mg 등도 함유되어 있다. 또 시스테인, 아미노산의 일종인 글루타민, 단백질, 항종양,

면역 활성 성분인 Schizophyllan(베타 D glucan), sizofiran(SPG) (1-3-알파-D-glucarin-polysacharide), cholesterol oxidase, schizostatin, 신종 phenylalanine, 아미노산 peptidase, 항종양물질 D-glucotetraose, multiple protease, invertase, ferulic acid esterase activity, 산성 phosphatase isozymes, schizoflavins 등을 비롯해 여러 발이유도촉진 성분인 cerebrosides, glucoceramide과 amino-isobutyric산이 함유되어 있다. 이 성분들 외에는 erosterol, L-malic acid, 식물호르몬 indole-3-acetic acid, carboxymethylcellulase, dehydrogenase, glucominase, phosphoglucomutase, protease, serineprotease, xylanase, xylase 등이다.

한의학적 효능

항종양, 항균에 대한 작용 외에 만성피로증후군을 치료해주고 자양강장에도 유용하다. 이밖에 항균에 대한 작용도 있기 때문에 녹농균, 황색포도상구균, 대장균, 폐렴간균 등에 적용된다. 또한 일본에서는 피부세포 성장인자의 생성을 촉진해 화상 및 상처 치유에도 효과가 있다. 뿐만 아니라 치마버섯은 피부에 탄력을 주고 보습 역할을 하는 것으로 알려져 치마버섯 추출물이 함유된 영양크림까지 개발, 판매되고 있다.

중국전통의약에서 치마버섯의 성미를 맛이 달고 성질이 온화하다 했다. 따라서 전신쇠약과 신경쇠약 등에 사용한다. 특히 백대하를 치료할 때는 달걀과 함께 조리해서 섭취하면 된다. 또 멕시코 민속치료사들은 감기해열과 염증치료에 사용하는데, 효과가 매우 좋다고 한다.

항암효과와 약리작용(임상보고)

이 버섯에는 항종양에 대한 작용이 있는데, 실험결과 sarcoma 180 암, Ehrlich 복수 암, 요시다 육종, sarcoma 37암, 루이스 폐암 등을 억제했다. 독일에서 실시한 연구에서 몸무게 1kg당 1mg을 투여했는데, sarcoma 180암에 대해 99%의 억제율이 나타났다. 1992년 일본교토대학교의 Uchida박사는 만성피로증후군을 가진 환자 11명을 대상으로 베타 글루칸을 투여했다. 그 결과 환자 10명에게 치료효과가 나타났다. 11명 중 3명은 정상업무로 복귀했고 나머지 7명은 정상생활로 돌아갔다. 즉 10명에게 자연 살상세포의 활성작용이 정상으로 회복됨이 증명 된 것이다.

재수술이 어려운 위암 재발환자 367명에게 Schizophyllan과 화학요법을 병행했다. 그 결과 오랜 기간 동안 수명이 연장되었다. 방사선요법과 병행할 때 제2기 자궁경부암 환자의 수명이 5년 연장되었다. 하지만 제3기 환자는 그렇지 못했다. 특히 방사선요법을 시행 후 치마버섯 추출물을 투여한 환자들은 T임파구의 수치가 빨리 회복되었다.

또 자궁경부암환자의 종양에 Schizophyllan을 주사한 결과 랑게르한스 세포와 함께 T세포에 유효한 침투도 보였다. 더구나

Schizophyllan은 인체의 바이러스감염증식 억제물질인 인터페론-g의 생산을 증가시켰다. 이 물질은 B형 간염환자에게 유익한 성분이다.

1994년 기무라 등은 Schizophyllan으로 두경부암 환자를 치료했는데, 생존율이 훨씬 높았다. 특히 일본에서는 항종양제 배양액 제품으로 Sizofiran, SPG, Schizophyllan 등이 생산되면서 자궁경부암 치료제로 활용되고 있다.

먹는 방법

허약체질일 때 말린 치마버섯 9~16g에 2ℓ의 물을 붓고 1/3이 되도록 달인 다음 1일 2회 200㎖씩 복용한다.

키다리끈적버섯

끈적버섯과
Cortinarius livido-ochraceus (Berk.) Berk.

분포지역
한국 등 북반구 온대 이북
서식장소/ 자생지
활엽수림 속의 땅
크기
버섯갓 지름 5~10cm, 버섯대 굵기 1~2cm, 길이 5~15cm
생태와 특징
북한명은 기름풍선버섯이다. 가을철 활엽수림 속의 땅에 한 개씩 자라거나 무리를 지어 자란다. 버섯갓은 지름 5~10cm이고 처음에 종 모양 또는 끝이 둥근 원뿔 모양이지만 나중에 편평해지며 가운데는 봉긋하다. 갓 표면은 매우 끈적끈적하고 올리브빛 갈색이나 자줏빛 갈색이며 건조하면 진흙빛 갈색 또는 황토색으로 변한다. 갓 가장자리에는 홈으로 된 주름이 있다. 살은 흰색이거나 황토색이다. 주름살은 바른주름살 또는 올린주림살이고 진흙빛 갈색이다.
한국 등 북반구 온대 이북에 분포한다.

약용, 식용여부
식용할 수 있다. 식용약용이다.

털목이버섯

담자균류 목이목 목이과의 버섯
Auricularia polytricha (Mont.) Sacc. (=Hirneolina polytrica (분홍목이)).

분포지역

한국, 일본, 아시아, 남아메리카, 북아메리카

서식장소 / 자생지

활엽수의 죽은 나무 또는 썩은 나뭇가지

크기

버섯 갓 지름 3~6cm, 두께 2~5mm

생태와 특징

봄에서 가을까지 활엽수의 죽은 나무 또는 썩은 나뭇가지에 무리를 지어 자란다. 버섯 갓은 지름 3~6cm, 두께 2~5mm이고 귀처럼 생겼다. 버섯 갓이 습하면 아교질로 부드럽고 건조해지면 연골질로 되어 단단하다. 버섯 갓 표면에는 잿빛 흰색 또는 잿빛 갈색의 잔털이 있다. 갓 아랫면은 연한 갈색 또는 어두운 자줏빛 갈색이고 밋밋하지만, 자실 층이 있어 홀씨가 생기며 흰색 가루를 뿌린 것처럼 보인다. 홀씨는 크기 8~13×3~5μm의 신장 모양이고 색이 없다. 홀씨 무늬는 흰색이다.

약용, 식용여부

식용할 수 있으나, 독성분도 일부 들어있다. 항알레르기, 항산화, 콜레스테롤 저하작용이 있으며, 한방에서는 산후허약, 관절통, 출혈 등에 도움이 된다고 한다.

콩버섯

자낭균문 동충하초강 콩꼬투리버섯목 콩꼬투리버섯과 콩버섯속의 버섯
Daldinia concentrica(Bolt.) Ces.

Dr's advice

이 버섯은 항균작용으로 인해 그람 양성균의 일종인 간상균과 대장균, 황색포
도상구균 등을 억제하고, 다른 폐렴간균에도 항균작용을 한다.

생태와 특징

활엽수의 고사목 그루터기 위쪽이나, 살아있는 포플러 및 자작나무
의 상처부분에서 자란다. 어린 유균일 때는 적갈색이지만, 점차 성
장하면서 검은 색으로 변한다. 이 버섯의 가운데를 수직으로 자르
면, 어두운 색과 밝은 색이 번갈아 동심원무늬로 나타난다.

성분

다양한 화학성분들이 함유되어 있는데, 이중에 concentricoloid성

분은 HIV-1바이러스로 유발된 세포변성효과를 억제한다. 또 HIV-1바이러스에 감염된 세포와 정상세포 사이에서 생기는 다핵질의 형성도 막아준다. cytochalasans성분은 제2차 진균성 대사물질그룹의 일종으로 포유류의 세포에 다양한 영향을 끼친다. 이 성분의 특징은 세포핵을 밀어내는 능력인데, 핵이 없는 세포를 형성하도록 해주는 것이다.

한의학적 효능

중국에서는 근육경련(쥐)일 때 말린 콩버섯을 가루로 내어 복용하면 해결된다. 콩버섯을 인도에서는 칼라 피히리로 부르는데, 이것은 '검은 버섯'이란 의미이다. 만성 기침일 때 콩버섯 가루와 오래된 토기 가루로 치료했는데, 섞은 가루에 같은 양의 꿀을 가미해 1일 2회 찻잔 1잔씩 복용했다.

항암효과와 약리작용(임상보고)

최근 연구에 의하면, 콩버섯의 추출물은 에스트로겐 수용체 양성세포계통에선 에스트로겐과 같은 효과가 나타났다. 하지만 에스트로겐 수용체 음성세포, 안드로겐세포 등에서는 아무런 효과도 나타나지 않았다. 방향족 스테로이드 성분은 오랫동안 찾았던 전구스테로이드로 밝혀졌다. 또한 17종의 cytochalasin성분이 새롭게 발견되었다.

특히 항균작용 성분이 들어 있어 그람 양성균의 일종인 간상균, 대장균, 황색포도상구균 등을 억제시켰고, 다른 폐렴간균, 프로튜스 불가리스 등에 대한 항균작용도 밝혀졌다. 또한 멜라닌 생합성경로에서 유래된 방부제, 방충제 등에 사용되는 두 종류의 나프탈렌까지 발견되었다.

팽나무버섯

담자균류 주름버섯목 송이과의 버섯
Flammulina velutipes

Dr's advice

팽이버섯의 다당류 PA3DE에는 D-glucose(포도당), D-mannose, L-fucose
등을 비롯해 새로운 항암 성분인 당단백질(glyco-protein) proflamin,
fucose, arabinose 등이 함유되어 있다. 또 아미노산(단백질) 26종, 미량 금속
원소 8종 등도 함유되어 있다.

분포지역

한국, 일본, 중국, 유럽, 북아메리카, 오스트레일리아

서식장소 / 자생지

팽나무 등의 활엽수의 죽은 줄기 또는 그루터기

크기

버섯 갓 지름 2~8cm, 버섯 대 굵기 2~8mm, 길이 2~9cm, 홀씨
5~7.5×3~4μm

생태와 특징

늦가을에서 이른 봄 사이에 팽나무 등의 활엽수 고사목줄기, 그루터기 위에 무리지어 자란다. 버섯 갓은 어릴 땐 반구모양에서 성장하면서 편평해진다. 점성이 높은 갓의 표면은 노란색 또는 누런 갈색이며, 가장자리에 가까워질수록 색이 연하게 된다. 속살은 흰색이나 노란색이고 주름살은 흰색이나 연한 갈색이며, 올린주름살에 성기어 있다. 버섯 대는 위아래 굵기가 같고 부드러운 연골 질이다. 버섯 대는 암갈색이나 누런 갈색이고 윗부분은 색이 연하며, 짧은 털이 빼곡하게 있다. 홀씨는 타원형이고 겨울철 쌓인 눈 속에서도 자라는 저온성버섯이며, 목재부후균이다.

약용, 식용여부

식용하거나 약용할 수 있다.

성분

팽이버섯의 다당류 PA3DE에는 D-glucose(포도당), D-mannose, L-fucose 등을 비롯해 새로운 항암 성분인 당단백질(glyco-protein) proflamin, fucose, arabinose 등이 함유되어 있다. 또 아미노산(단백질) 26종, 미량 금속원소 8종 등도 함유되어 있다. 이외의 성분은 ergosta-5,8, 22-trien-3-beta-ol, enokipodins A-D. FIP-Five, cerevisterol, flammulin, tetraol 등이다. 그리고 조단백질 31%, 비타민 B1, C 등도 들어 있다. 특히 니아신(niacin)은 말린 팽이버섯 100g당 107mg이 함유되어 있다. 팽이버섯 균사체에는 발효된 에르고스테롤, ergosta-3-0-glucopyranoside 등을 비롯해 제니스테인(genistein), 아데노신(adenosine), 계피산 등이 함유되어 있다.

한의학적 효능

중국과 일본의 연구결과에서 정기적으로 팽이버섯을 섭취할 땐 위궤양과 간장 질병이 치료되었다. 일본에서 실시한 질병학적 연구에 의하면, 나가노시 부근의 팽이버섯 재배자들을 조사한 결과 암 발병률이 낮았다. 그 까닭은 팽이버섯을 자주 섭취했기 때문이다.

항암효과와 약리작용(임상보고)

필수아미노산의 하나인 발린(valine)은 쥐의 실험에서 종양 sarcoma 180암과 Ehrlich 복수 암을 억제했다. 또한 단백질의 하나인 리신(lysine)은 신장과 몸무게를 키우고 늘려주었다.

1963년 Komatsu 등은 처음으로 팽이버섯에서 항암에 유익한 flammulin성분을 발견했다. 1968년 Ikekawa 등은 flammulin이 물에 녹는 수용성단백질로 sarcoma 180암과 Ehrlich 복수 암에 대해 80~100%의 억제율이 있음을 보고했다.

1995년 Ko, J.-L. 등은 팽이버섯에서 새로운 면역성을 조절하는 단백질 FIP-5를 분리했다. 이것은 사람의 적혈구를 응집시켜준다. 2010년 Lee, S.L. 등은 이 단백질은 자궁경부암 세포를 억제하는 것을 발견했다. 1996년 한국의 D. H. Kim 등은 헬리코박터

(Helicobacter pylori)와 관련된 실험을 통해 팽이버섯이 헬리코박터 요소분해를 저지시킨다는 것을 발견했다. 2000년 Song, N.-K. 등은 산화질소 신타아제(nitric oxide synthase)를 식별해냈다.
단, 신선한 생 팽이버섯에는 심장독성 단백질 flammutoxin 성분이 함유되어 있지만, 100℃에서 20분 동안 끓이면 파괴된다. 하지만 팽이버섯을 생으로 서부치하는 것은 위험하다.

먹는 방법
달여서 지속적으로 복용한다.

표고버섯

담자균류 주름버섯목 느타리과의 버섯
Lentinula edodes

Dr's advice

식용으로 자주 먹지만 약용으로 많이 사용되며 원목에 의한 인공재배가 이루어져 한국, 일본, 중국에서는 생표고 또는 건표고를 버섯 중에서 으뜸가는 상품의 식품으로 이용한다. 북한명은 참나무버섯이다. 표고는 느타리버섯과 잣버섯속, 구멍장이버섯과 잣버섯속 ,송이과 표고속으로 분류하는 등 여러 주장이 있다.

분포지역

한국, 일본, 중국, 타이완

서식장소 / 자생지

참나무류, 밤나무, 서어나무 등 활엽수의 마른 나무

크기

버섯 갓 지름 4~10cm, 버섯 대 3~6cm×1cm

생태와 특징

표고버섯을 느타리버섯과(Pleurotaceae) 잣버섯속(Lentinus), 구멍장이버섯과(Polyporaceae) 잣버섯속(Lentinus), 송이과(Tricholomataceae) 표고속(Lentinula) 등등으로 분류하는 학자들의 다양한 주장들이 존재하고 있다.

봄과 가을사이에 활엽수인 참나무류, 밤나무, 서어나무 등의 마른 나무에서 자란다. 버섯 갓은 어릴 때는 반구모양에서 점차 성장하면서 펴져 편평해진다. 갓 표면의 색상은 다갈색이고 흑갈색의 솜털 같은 비늘조각이 덮여 있다. 종종 표면이 터져 흰 살을 보이기도 한다. 갓 가장자리는 어릴 때는 안쪽으로 감기고 흰색이나 연한 갈색의 피막으로 쌓여 있다. 이것이 터지면 갓 가장자리와 버섯 대에 붙는다. 버섯 대에 붙으면 불완전한 버섯 대 고리가 되며, 촘촘한 주름살은 흰색이다. 버섯 대는 붙어있는 상태에 따라 기울어진다. 버섯 대는 위쪽은 흰색이고 아래쪽이 갈색이며, 섬유처럼 질기다. 홀씨는 한쪽이 뾰족한 타원형이고 색이 없으며, 홀씨의 무늬는 흰색이다. 북한에서는 참나무버섯으로 부른다.

약용, 식용여부

원목에서 인공재배가 되는데, 한국, 일본, 중국 등에서는 생표고나 건표고를 버섯 중에서 최고의 상품으로 취급한다.

성분

18가지 아미노산과 30여 가지의 효소, 지방, 무기질, 비타민 B1,B2,D, 다당류, 나이아신, 탄수화물, 칼슘, 칼륨 등이 들어 있다. 항암, 항종양에 유용한 다당체 물질 렌티난(Lentinan)이 들어 있다. 이밖에 에리타데닌, ks-2, ergosterol, 레시틴, 레티나싱, 섬유질, 레티오닌 등의 성분이 들어 있다.

한의학적 효능

고혈압 개선 표고버섯을 섭취하면 콜레스테롤을 제거해주기 때문에 혈액순환이 좋아지고, 고혈압이나 동맥경화 등을 개선한다.

다이어트 표고버섯은 칼로리가 낮을 뿐만아니라, 변비개선에도 그 효능이 뛰어나기 때문에 다이어트 식품으로도 좋다. 특히, 포만감을 쉽게 느끼게 해주기 때문에 식품섭취를 줄일 수 있다.

당뇨개선 당뇨에 표고버섯을 섭취하면 인슐린을 분비하는 췌장의 기능을 활발하게 만들어 주기 때문에 당 수치를 조절하여 당뇨를 치료 및 예방에 좋다.

두뇌발달 표고버섯의 향긋한 향을 만들어내는 렌티오닌이라는 성분이 정신을 맑게 만들어주는 효능을 가지고 있어 두뇌발달에 도움이 된다.

* 성장발달: 표고버섯에는 비타민D가 풍부해 칼슘의 흡수를 도와 뼈와 이를 튼튼하게 만드는데 그 효능을 볼 수 있다.

변비개선 및 대장암예방 표고버섯의 45% 정도가 섬유질로 이뤄져 있어 장운동을 활발하게 만들어 숙변제거와 함께 변비를 개선해주며, 대장의 건강에도 도움이 된다. 특히, 표고버섯에는 항암물질인 레티난이라는 성분이 함유되어 있어 대장암을 예방한다.

항암효과와 약리작용(임상보고)

레시틴 물질이 풍부하게 함유되어 있기 때문에 항암예방과 작용에 뛰어나다.

먹는 방법

생표고 섬유질이 풍부해서 위와 장의 소화를 돕는다.

마른표고 단백질, 칼슘, 비타민 B와 D가 많다. 비타민D를 얻기위해서는 생표고를 한번 데쳐서 햇볕에 말려야 한다. 마른표고를 우려낼 때는 따뜻한 물로 우려내면 독특한 맛 성분인 구아닐산, 아데닐산, 우리딜산 등이 충분히 우러나오지 않으므로 시간이 걸려도 찬물에 우리고, 우려낸 물의 유효성분은 가열해도 파괴되지 않기 때문에 버리지 말고 먹는게 좋다고 한다.

※**섭취시 주의사항**

하루 섭취량은 30g 정도가 적당하며, 통풍기가 있는 사람은 과잉 섭취하지 않는게 좋다고 한다. 단, 속이 냉하고 체기가 있는 경우에는 금하고 산후에 병에 걸렸을 때도 금한다고 한다.

표고버섯물

천식과 비염기가 싹 가신다. 표고버섯물은 상온에서 서서히 식혀서 천천히 마시도록 하는데 간장이나 꿀의 양을 조금 줄여 차처럼 꾸준히 마시면 각종 성인병 예방에 효과가 있고, 특히 혈압을 내리는 데 좋은 차가 된다.

❶ 표고버섯과 다시마를 함께 넣고 물을 부어 비닐랩을 씌워 냉장고에 넣고 12시간 정도 우려낸다.

❷ 우린 물을 불에 한번 끓인다

❸ 여기에 간장을 넣고 전체가 2/3정도로 줄 때까지 은근한 불에서 다시 한번 끓여준다.

❹ 불에서 내린 다음 황설탕이나 꿀을 30g 정도 타서 잘 젓는다(기호에 따라 넣지 않아도 된다).

표고버섯차

❶ 표고버섯을 주전자에 넣고 물을 적당히 부어 약한 불에서 달인다.
❷ 다 달여지면 버섯은 꺼내 버리고 달인 물은 병에 담아 냉장고에 보관해 두고 마신다.

단, 표고버섯물은 쉽게 상할 수 있으므로 냉장고에 보관하더라도 2~3일은 넘기지 않도록 한다.

※ 하루에 3~4번씩 차 대신 마신다. 기호에 따라서 벌꿀을 1~2 작은 술 정도 타서 마셔도 된다.

표고버섯가루

❶ 잘 말려진 버섯을 씻지 말고 젖은 행주로 깨끗이 닦는다.
❷ 이것을 프라이팬에 넣고 약한 불에 살짝 굽거나, 석쇠에 얹어 불에서 약 5cm 떨어진 곳에서 굽는다.
❸ 이 구워진 표고버섯을 곱게 간다.

※ 뜨거운 물에 이 표고버섯가루를 1작은 술씩 타서 따뜻할 때 차로 마신다.

한입버섯

담자균문 구멍장이버섯목 구멍장이버섯과 한입버섯속의 버섯
Cryptoporus volvatas(Peck) Shear

Dr's advice

이 버섯은 천식, 기관지 질환에 대한 항염 작용과 함께 항순환기장애, 항종양, 항진균 등에 작용한다. 이외 다양한 알레르기성 질환을 예방하고 치료해준다.

생태와 특징

여름에서 가을사이에 침엽수인 소나무의 생목 또는 고사목 위에서 무리지어 자라는 일년 살이 목재부후성버섯이다. 성미는 맛이 달고 쓰며 성빌이 따뜻하다. 어릴 때는 버섯 색상이 흰색이었다가 성장하면서 담황갈색으로 변하는데, 생김새가 마치 밤톨이 붙어 있는 듯하다.

한의학적 효능

인후염일 때 말린 한입버섯 5~8조각을 물에 불렸다가 건져 입에 물고 있으면 된다. 입으로 빨면 자실체 전체에서 향기로운 맛이 나지

만, 곧바로 쓴맛이 난다. 중국전통의학에서는 내출혈일 때 지혈제, 치통, 종기, 절종, 치질 등의 치료에 써왔다. 또 천식과 기관지질환 일 때 항염제로서 달임 물을 사용했다.

항암효과와 약리작용(임상보고)

이 버섯에는 에르고스테롤, 7종(cryptoporic acid A,B,C,D,E,F,G) 의 쓴맛 물질을 비롯해 글루칸 등의 화학성분이 함유되어 있다. 따라서 항염과 항 순환기장애 등에 효과가 좋다. 또 ergosta-7, 22-dien-3b-ol, fungisterol 등도 함유되어 있다.

1992년 Narisawa 등은 버섯추출물에서 sesquiterpenoid의 일종 인 cryptoporic acid E성분을 발견했는데, 이 성분은 쥐의 실험을 통해 대장암발생을 억제했다.

1994년 Kitamura 등은 버섯 자실체에서 얻은 1,3 beta D 글루칸 성분이 sarcoma 180종양세포에 항종양 작용을 한다는 것을 발견 했다. 2003년 S. H Jin 등은 버섯에서 류코트리엔(항원에 대한 면역반응에서 백혈구가 생성해 내는 물질)의 생산 가능성과 함께 천식 환자들의 염증완화에도 효과가 있음을 발견했다.

1998년 Hashimoto와 Asakawa는 sesquiterpenoid cryptoporic

acid A-G성분이 강한 근본제거활성(radical scavenging activity)
작용으로 종양발생을 억제한다는 사실도 밝혀냈다.

2004년 중국인 Xiao-Yan Zhao 등은 버섯의 다당류가 기니아 돼
지 실험에서 폐를 보호하는 작용을 발견했다.

화경버섯

주름버섯목 낙엽버섯과 화경버섯속의 버섯
Lampteromyces japonicus (=Omphalotus japonicus)

Dr's advice

화경버섯(Lampteromyces japonicus)은 식용하면 사망에 이를 수 있는 맹독성 버섯이다. 느타릿과(송이과)에 속하고 외관상 우리나라에서 가장 많이 재배하는 느타리버섯과 비슷하여 잘못 먹고 중독되는 사고가 종종 있다. 이 때문에 옛날 궁중에서는 사약의 재료로 이용하기도 했다. 그러나 최근에는 새로운 암 치료제로 각광받고 있다.

분포지역
한국(가야산, 지리산), 일본
서식장소/ 자생지
밤나무 · 참나무와 같은 활엽수의 죽은 나무와 썩은 가지
크기
갓 지름 10~25cm, 버섯대 굵기 1.5~3cm, 길이 1.5~2.5cm

생태와 특징

한국의 약용버섯 항암버섯

북한에서는 독느타리버섯으로 부른다. 이 버섯은 밤이 되면 주름부분이 발광하기 때문에 달버섯으로도 불린다. 여름에서 가을까지 밤나무, 참나무 등의 활엽수의 고사목이나 가지에서 무리지어 겹쳐서 자생한다. 버섯 갓은 반달모양 또는 신장모양이다. 어렸을 때는 황갈색으로 작은 비늘조각이 있다가 성자하면서 자갈색 또는 암갈색으로 변하며, 납처럼 윤기가 있다. 주름살은 내린주름살로 너비가 넓고 연한 노란색에서 흰색으로 변한다. 버섯 대는 짧고 굵으며, 갓의 한쪽 옆에 붙어 있다. 갓의 살은 흰색이고 둘레가 얇다. 버섯 대가 두껍고 부분적으로 어두운 자갈색을 띤다.

약용, 식용여부
독성분이 있기 때문에 섭취하면 소화기질환을 일으킨다. 옛날에는 궁중에서 사약의 재료로도 이용했다. 중독되면 메스꺼움, 구토, 설사 등을 비롯해 눈앞에 나비가 날아다니는 현상이 있다. 하지만 항종양, 항균작용이 있다.

성분
최근 이 버섯에서 독성물질인 람프테롤(Lampterol)이 검출되었다. 이것은 일루딘S(illudin S)와 동일한 물질인데, 일루딘S를 화학적으로 변형시킨 것이 바로 이로풀벤(irofulven)이다.

한의학적 효능
새롭게 발견된 이로풀벤(Irofulven)은 암 치료제로 각광을 받고 있다. 이 물질은 급속하게 성장하는 악성종양세포의 분열을 방해하는 작용을 한다. 한마디로 암세포의 증식을 차단해 마침내 소멸시키는 물질이다.

항암효과와 약리작용(임상보고)

2001년 미국식품의약국(FDA)은 이로풀벤(irofulven)을 새로운 암 치료제로 임상 실험을 승인했다. 2002년 텍사스대학교 암치료연구 센터에서 실험 연구한 결과, 이로풀벤의 세포파괴 작용에서 정상세 포는 최소한의 반응이었지만, 악성종양세포는 민감한 반응을 보였 다. 즉 이로풀벤의 독특한 이중적 반응은 항암치료제 개발의 근간이 되는 것이다. 더구나 미국의 제약회사와 국립암연구소에서 실시한 제1, 제2단계의 임상실험에서 이로풀벤은 약물저항적인 암을 포함 한 악성종양을 축소시켰던 것이다. 특히 항암치료제에 전혀 반응이 없던 췌장암 환자들에겐 놀라운 결과가 나타났다. 이에 따라 췌장암 환자들에게 새로운 희망을 주고 있다.

먹는 방법

이 버섯은 1개라도 먹으면 즉사할 수 있는 맹독성분이 들어 있다. 먹으면 수 시간 동안 격렬한 메스꺼움, 구토, 설사 등의 증상이 나타 난다. 더구나 식용버섯인 느타리, 표고, 참부채버섯 등과 생김새가 흡사해 각별히 조심해야 한다.

회색깔때기버섯

송이과의 깔때기버섯속 버섯

Clitocybe nebularis(Batsch)P. Kumm.

분포지역

한국, 일본, 중국, 유럽 북반구 일대

서식장소/ 자생지

활엽수림. 혼합림 내 땅위

크기

갓 크기 6~15cm, 자루길이 6~8 x 0.8~2.2cm

생태와 특징

가을에 활엽수림, 혼합림 내 땅위에 군생한다. 갓의 크기는 6~15cm 정도
이고, 자루길이 6~8 x 0.8~2.2cm이다. 처음에는 반구형에서 평반구형으
로 된다. 갓끝은 안쪽으로 말려있고 표면의 중앙이 약간 짙은 색이다. 주름
살은 내린 형으로 빽빽하다. 자루는 백색-담황색이고 하부는 굵다.

약용, 식용여부

식용버섯이지만 완전히 익혀 먹지 않으면 중독되고, 체질에 따라 구토, 설
사 등을 일으킨다. 항진균 작용이 있다.

흙무당버섯

담자균류 주름버섯목 무당버섯과의 버섯

Russula senecis Imai

분포지역

한국, 일본, 중국

서식장소 / 자생지

활엽수림 속의 땅

크기

버섯 갓 지름 5~10cm, 버섯 대 굵기 1~1.5cm, 길이 5~10cm

생태와 특징

북한명은 나도썩은내갓버섯이다. 여름에서 가을까지 활엽수림 속의 땅에 여기저기 흩어져 자라거나 무리를 지어 자란다. 버섯 갓은 지름이 5~10cm 이며 어릴 때 둥근 산 모양이다가 다 자라면 편평해지며 가운데가 파인다. 갓 표면은 황토빛 갈색이나 탁한 황토색이며 주름이 뚜렷하다. 살에서는 냄새가 약간 나면서 맛이 맵다. 주름살은 끝붙은주름살이고 황백색 또는 탁한 흰색이며 가장자리는 갈색 또는 흑갈색이다. 버섯 대는 굵기 1~1.5 cm, 길이 5~10cm이고 표면이 탁한 노란색이며 갈색 또는 흑갈색의 반점이 작게 나 있다. 버섯 대 속은 비어 있다. 홀씨는 지름이 7.5~9㎛인 공 모양 이고 색이 없으며 표면에 큰 가시와 날개처럼 생겨 볼록한 부분이 있다.

약용, 식용여부

독버섯이지만 항암성분도 가지고 있다.

흰주름버섯

담자균류 주름버섯목 주름버섯과의 버섯
Agaricus arvensis

Dr's advice

이 버섯의 성질은 맛이 달고 성질이 따뜻하기 때문에 항종양, 요통, 다리통, 풍습성 관절염, 수족마비 등에 유용한 효과가 있다. 특히 한방에서는 관절 약의 재료로 쓰이고 있다.

분포지역

한국, 북한(백두산), 영국, 북아메리카

서식장소 / 자생지

숲 속, 대나무밭 등의 땅

크기

버섯 갓 지름 8~20㎝, 버섯 대 굵기 1~3㎝, 길이 5~20㎝

생태와 특징

여름부터 가을에 걸쳐 숲속, 대나무밭의 땅위에서 홀로 자라거나 무리지어 자란다. 버섯의 갓은 어릴 땐 둥근 산 모양에서 성장하면서 점차적으로 편평하게 펴진다. 갓의 표면은 매끄럽고 크림백색 또는 연한 황백색이며, 가장자리에는 턱받이의 파편이 부착한다. 살은 어릴 때는 흰색이지만, 성장하면 노란색이 된다. 주름살은 떨어진 주름살이고 밀생하며, 백색에서 회홍색을 거쳐 흑갈색으로 변한다. 버섯 대는 뿌리부근이 불룩하고 속은 빈 공간이다. 버섯 대의 표면은 크림 빛을 띤 흰색인데, 접촉하면 노란색으로 변

비슷한 맹독버섯

맹독버섯인 흰알광대버섯과 구분이 어려워 초보자나 일반인들은 절대로 흰색 버섯을 채취해 먹어서는 안 된다. 흰알광대버섯은 1개만 먹어도 즉사할 수가 있다.

한다. 턱받이는 백색의 막질이고 하면에는 쪼개진 부속물이 있다. 홀씨는 7.5~10×4.5~5μm이고 타원형이며, 홀씨 무늬는 자줏색을 띤 갈색이다. 북한에서는 큰들버섯으로 부른다.

약용, 식용여부

식용할 수 있다.

성분

아미노산 30여종이 함유되어 있다.

한의학적 효능
이 버섯의 성질은 맛이 달고 성질이 따뜻하기 때문에 항종양, 요통, 다리통, 풍습성 관절염, 수족마비 등에 유용한 효과가 있다. 특히 한방에서는 관절 약의 재료로 사용된다.

항암효과와 약리작용(임상보고)
항종양작용이 있는데, 흰쥐의 실험을 통해 sarcoma 180암과 일반 암에 대해 100%의 억제율을 보였다.

먹는 방법
아몬드 향이 나는데, 위장장애가 있기 때문에 소량을 먹는 것이 좋다. 인공재배가 가능한데, 균사체 발효로 배양된다.